我心不安

郑栗儿 著

华夏出版社

图书在版编目（CIP）数据

我心不安/郑栗儿著. —北京：华夏出版社，2015.7
ISBN 978-7-5080-8405-3

Ⅰ．①我… Ⅱ．①郑… Ⅲ．①人生哲学-通俗读物 Ⅳ．①B821-49

中国版本图书馆 CIP 数据核字（2015）第 054821 号

本书经台湾好读出版有限公司授权，同意经由华夏出版社出版发行中文简体字版。非经书面同意，不得以任何形式任意重制、转载。

版权所有，翻印必究。
北京市版权局著作权合同登记号：图字 01-2011-0322

我心不安

作　　者	郑栗儿
责任编辑	梅　子　罗　庆
出版发行	华夏出版社
经　　销	新华书店
印　　刷	三河市少明印务有限公司
装　　订	三河市少明印务有限公司
版　　次	2015 年 7 月北京第 1 版 2015 年 7 月北京第 1 次印刷
开　　本	880×1230　1/32 开
印　　张	7
字　　数	101 千字
定　　价	30.00 元

华夏出版社　地址：北京市东直门外香河园北里 4 号　邮编：100028
网址：www.hxph.com.cn　电话：(010)64663331(转)
若发现本版图书有印装质量问题，请与我社营销中心联系调换。

目 录

编者的话｜狂心若歇 / 001
作者序｜心药方 / 005

心中无事

喝茶吃粥 / 003
随他去 / 007
人生的束缚 / 012
谁危险呢？ / 016
每一天都是好日子 / 021
从无开始 / 025
没有功德 / 029
我心不安 / 034
从心下工夫 / 038

目 录

海阔天空
心就是佛 / 045
阶级是空 / 049
挑水给谁喝？ / 053
炉子还有火吗？ / 057
野狐的下场 / 061
一生完美的结语 / 065
急急忙忙苦追求 / 069
忍他让他 / 074
退步原来是向前 / 078

本来面目
不思善不思恶 / 085
一滴水的力量 / 089
活得太累 / 093
保持纯洁的心 / 097
真正的快乐 / 101
水满了 / 105
工作的意义 / 109
任他荣枯 / 113
云在青天水在瓶 / 117

目录

烦恼不起

人生的十字路口 / 123
面对死亡的态度 / 127
春秋多少 / 131
哦！是这样么！ / 135
多观到无观 / 139
但莫憎爱 / 143
谁绑住你？ / 150
一切现成 / 154
睡觉去 / 159

万物合一

入地狱去 / 165
点哪个心？ / 169
你看见什么？ / 173
一个烧饼 / 177
四大本空 / 181
大千世界一禅床 / 186
与世事打成一片 / 190
梦幻空花 / 194
香菇与办道 / 200

编者的话

狂心若歇

再也没有比这个世纪、这个时代更奢华、更富裕，也更混乱、更焦躁不安的了！

人心浮动，物欲横流，人们的贪婪如洪水猛兽。

资本主义创造出各种各样的大量商品垃圾，全球化造成大规模的流行疾病和金融风暴。而经济不断成长与财富不断累积，更是一道集体制约的紧箍咒，迫使人们非得穷其一生、铆足全劲去疯狂地追逐，一旦落人之后，被抛在群体之外，心便无法平静；但即使在群体之中，也没好过

编者的话

到哪里去,因为努力维持不坠已经是很辛苦的事,更何况要一直不停地成长下去,不停地累积数字。

多年前,捷克作家米兰·昆德拉在他所著的小说《缓慢》中有这么一段叙述:"那些民谣小曲中歌咏的漂泊英雄,或者游荡于磨坊、风车间,在星座下酣睡的流浪者,他们到哪里去了?"

套句捷克的谚语:"悠闲的人是在凝视上帝的窗口。"而现在,上帝的窗口还开着,可那些悠闲凝视的人,早已消失在每一日车水马龙制造的庞大废气中,速度成为人们追求快感的兴奋剂,不断地刺激感官神经。

即使如此,你快乐吗?你自在吗?

为什么在每一天醒来睁开眼的刹那,总有一种"什么事将发生"、迫在眉睫的隐忧呢?为什么在上班途中,等待公交巴士开门的一瞬,胸口会泛起阵阵莫名的焦虑呢?明明手中提着好几袋刚才从百货公司血拼的战利品,心底却仍感到"我还少一样"的空虚;就算是无事的假日时光,也觉得难以承受的无聊,以及感到有什么工作还没做好而惶惶不可终日。

不管你在哪里,你都不在那里,而是赶着前往脑海中描绘、计划的另一个理想所在(一个家、一个旅行国度,或是一个职位、一顿美食……),现有的一切不算什么,只有到了那个理想所在才可以真正松一口气,让心安歇下来,但那个理想所在是永远不存在的,因为当你抵达后,你就准备抛弃它,再去别处,你永远无法满足。

你花了一辈子在追求,很快地,你老了或病了,却没办法接受这一切——平淡无奇的生活和病痛忧郁的煎熬。

你该怎么做?

佛教有句教诲:

"狂心若歇,歇即菩提。"

得道,不是你有多么高深的禅定功夫,而是能将这颗被妄念所缚的狂心停止、安定下来,不再被野马般的念头牵着到处跑,这样你才能得到真正的快乐,成为自己的主人。

收录在本书的每一则禅师智慧,也可以成为你的借镜和指引,这些历久弥新的禅宗故事,在现今混乱的世界中

编者的话

更显得无比珍贵,有如闇暗夜色中一颗颗发光的水晶球,带领我们步出心魔交奏的狂想曲,走进宁和悠然的当下。

  抬起头,终于瞥见天空中久违的上苍的窗口。

             郑栗儿

作者序

心药方

很多人都知道石头希迁是唐朝机锋锐利、数一数二的禅师，平时不说话则已，一开口就要人狠狠地滑一跤，就要你放下所有头脑，彻底去领略"禅"的本质，所以才有"石头路滑"的美名。

如此"酷"到极点的修行者，大半生隐居在石头上的茅蓬草屋，远离尘世，照说对人间世事应是不予理会、全然超出世外的，但是他曾以一则《心药方》赠予当时蛰伏南岳深山、即将返京复职的宰相李泌，后来流传到市井街

作者序

巷，成为至今谁都能朗朗上口几句的济世文。

这首诗偈是这样的：

　　慈悲心一片、好肚肠一条、温柔半两、道理三分、信行要紧。

　　中直一块、孝顺十分、老实一个、阴骘（zhì，默默行善）全用，方便不拘多少。

　　……以前十味，若能全用，可以致上福上寿，成佛作祖。若用其四五味者，亦可以灭罪延年，消灾免患。各方俱不用，后悔无所补，虽扁鹊卢医，所谓病在膏肓，亦难疗矣；纵祷天地，祝神明，悉徒然哉。况此方不误主雇，不费药金，不劳煎煮，何不服之？

表面看来，这确然是一则教化人心、劝人为善且用来经营生活的文章，但是别忘了，石头希迁可是一位了不起的大禅师，所以这帖"心药方"最重要的作用是：对治我们心里那只跑来跑去的猴子，也就是在日常的行住坐卧间下工夫，面对外境现起时，能随时察觉心念的起伏，并回归善的本质根处：慈悲、老实、温柔……

而石头希迁之所以写下"心药方"送给李泌，其实也是鼓励李泌——禅或者佛法，并非在遥远的森林深处及无人的边境岛屿才能实行，才可得到心灵的平静，而是在琐碎烦扰的生活中，与一群难搞的人、难办的事、难为的处境（再有比朝廷更复杂的所在吗？）共同成就的。如果不是这样，禅或者佛法，也就没有存在的价值，更有违当年佛陀悟道后住世转法轮的初衷了。

2009年9月末的一个下午，我打了通电话到彼岸上海，给一位失去联系已久的知名旅行摄影家老友，2005年我从联合文学执行副总编辑的位置上退下来以后，我们就未曾联络。他以为我已经过着完全隐遁的闭关生活（只差没有出家），从此不再复出，甚至连所有电话号码都更换了，彻底把过去统统Delete掉，只知道我在为法鼓文化创作二十六本《大师密码》套书……

说得也没错，虽然电话号码没有更换，但我很少与人联络，除非必要；也确实不再当一名朝九晚五的编辑人，

作者序

变成在家写作阅稿的Soho族。

很幸运，能接到法鼓文化赋予我的使命，我花费整整三年的时间（2005~2008年），心无旁骛地撰写一百三十位历代高僧故事，从佛陀、十大弟子……到中国、日本经典的禅师人物。这项创举，我想在我临死之前回顾一生的所作所为时，必定可以记上完美的一笔，死而无憾了。

这其间，我的瑜伽锻炼（非单指体位法，而是融入"生命之流"的瑜伽锻炼）进入到另一个阶段，我从气功中领略到万物合一的境界，静坐时也慢慢有了一点定力，但头脑的妄念还是像溪流一般滔滔不绝，只是对于负面能量的调伏、不与之相应的能力变得更强一些。

尤其经过一两年来心轮的不断扩展，我的心胸比以前更加开阔，更具有正面能量去处理细微的感怀悲伤之类的情绪。所谓的浪漫感性即是如此，但很多人不知道那样的"感时花溅泪"，纵然是一种真情流露，却也是一种负面心绪，经常去串习的话，对生命只会多所黏腻而执着。过去，我就是这类"感情用事"的坏例子。

到了2009年3月，有一个不可思议的缘起出现，我意外去到台北深坑的山间，参加由泰国禅师隆波通亲自指导的内观禅七。

要怎么形容那一次奇妙的经验？在历经了好几日与无聊、昏沉、妄念抗衡的痛苦过程后，我终于在最后一晚的行禅中，尝到一点点"道"的滋味了！

终于，歇下心头那些莫名的紧张、不安，在时间的流动片刻自在、自由了！

我这样说，太笼统了！而且那境界也不是语言所能形容。

从佛陀对着大迦叶尊者拈花微笑开始，历代禅师着重的都是"实修实证"，一如纯真如赤子的隆波通所言："不管读了多少的经典，如果没有把自己这一部经典读懂，外在的经典读得再多，还是没办法了解经典的意义。"

禅七结束，从宁静的自然山林回到喧嚣的台北市区，当车子从北二高滑进敦化南路时，我开始感到晕眩不已，不知自己身在何处。强大混乱的磁场能量，一波波袭来，令我招架不住。

在安和路25度C咖啡馆喝下午茶时，浏览久违的报纸，

作者序

发现所有字体都在眼前跳舞,根本无法读进字里行间。

尽管身体觉知的力量还算厚实,但很快就被周遭给侵蚀,一个礼拜后,那种清明感已经消失大半,不到一个月丧失殆尽。可见外境的负面干扰有多么强大,如果没有每一日、每一时、每一分都保持在正念中,外境洪流一下子就把你吞没了。特别是现在物质能量发展之迅速、规模之庞大,简直是只无法抵御的猛兽,更别提我们都是多么懒惰而又好逸恶劳的人。

我想起一位同修好友说,他每天得费多少工夫清洁脉轮的能量。之前,我很难体会他那种情况,现在终于明白了。但是明白了,并不代表你从此太平无事,得到一张免除人生困境的门票。相反,更多苦与无常的考验像海浪一般,一波波密集地袭来,把你打得体无完肤,看你是真的超越了,还是一时Shopping的快感而已。

创作这本《我心不安》,阐述历代禅师的吉光片羽,等于是服下另一帖清心沁脾的心药方,让我在面对各种考验时很快地放松下来,回到每一天的喝茶吃粥中,品尝平凡的滋味。当初执笔《大师密码》套书时,是以儿童为阅读对象，所以许多深奥的禅理必须设法说得简洁容易。如此三年磨砺下来，使我在书写这本书时得到不少的方便，而且可以比较畅快地描绘每位禅师所体悟的精髓。又因为个人的能力有限，而禅的境界无限，故我选择一贯简雅的文学笔触、诗语风格，着墨于众人耳熟能详的"禅师故事"，而非"禅宗公案"；此外，一些解析的义理，如果有所偏差或者无法赅括其意之处，也请包容见谅。

身为作者，完成这本书最大的意义是——希望通过每一位卓尔不凡的大禅师淬炼过的金石智慧，来鼓舞我们这些深陷烦恼、念头的凡夫，当遇到生活中种种困难的处境时，知道该用什么样的态度来面对，进而转一个弯，看见蔚蓝的海洋。而我们总是焦躁不安、难以平静的心，原来早在数千年以前，伟大的慧可二祖就有过这样狂烈的经历。

回到之前所说的那通电话，其实这些年我虽没有刻意地闭关，但与自己长时间独处的过程中，因为失去了繁华绚烂的浮木可以攀附，只剩下背后一堵坚实的内在石墙，挡着你无路可退，于是你非得接受人生种种的枯索无味不可，却也反观到人生的真实与真谛。

作者序

电话那端的友人，坚信五十岁以后他还是可以活得很有活力，这点我相信。每个人延展其生命力量的方式都不同，有人以旅行，有人以享受，也有人以简朴……而我呢？

因为一些些接触禅的小小体验，使我对于现在或未来的自己，不管在什么样老了、病了、死了、困顿了、潦倒了的状态，也总算能尽力地泰然处之了。就算失去所爱与所有，包括自己的身体，但无限的生命却依然能让我们拥有星星、月亮、太阳，以及整个永恒的宇宙。

最后，就以桂琛禅师的话语作为总结：

"若论佛法，一切现成，无处不是佛法。"

祝福每一位。

※**关于瑜伽体位法**，有一次瑜伽师资班的老师打印一篇文章给我们，大家非常地受用。因为有太多人用错误的方式习练瑜伽，在此将摘录整理后的"瑜伽心要"供献给大家，希望原作者一同随喜：

1. 人要先感受环境的能量、感受道的能量，让这股能量流入体内。当进入某一所在，让自己先静下来，与那个磁场交流，而不是慌张地或者急着走过，要学习完全地融入。

2. 呼吸，永远在体位法之前，或者在做任何事之前，让自己更加专注、觉知，打开与宇宙连接的点，达到合一境界。

3. 意图决定了质量，而非只是摆摆样子而已。你的意图决定了今天的瑜伽体位法，究竟是要达到合一，还是健身而已，当然人生也是如此。

4. 当下的体位法有无意义，就要看你每一刻、每一动作是否全力以赴。这也可以延伸为任何正在经验的事物，或者你的工作等等。

5. 体会周围的道，相信每一个当下都是恩典的给予，每一个现象都是智慧的显现，随时随处与喜悦、光明共舞，学习自在的静处。

郑栗儿

心中无事

什么是好日子？什么是坏日子？
你的坏日子，很可能是别人的好日子。
心中无事，不去挂碍好与坏。
自然拥有宽广辽阔的世界。

喝茶吃粥

河北赵州有一座观音院，里头住着一个顶有趣的和尚，叫做从谂禅师，是唐朝非常著名的高僧。

他在南泉普愿座下得道后，便以一双芒鞋，踏遍群山遍野，四处游学，足履直达无人能及的云端峻岭。

就这样，一走就是二十年的行脚生涯，像片流动的云一样随遇而安。

直到八十岁时，老人家才总算愿意在赵州观音院住下来，继续过着安贫乐道的日子。当然，也吸引了各地学僧，

专程跑来这郊外的乡下地方向他参禅。

外在的旅行虽然停止了,但是内在的旅行,却还是在晨昏之间,每一天都在进行着。

每一杯茶,都有它的味道,就看你怎么去喝它。

从简单平凡的日常生活中,静静去体会生命所展现的实相,正是赵州从谂禅师的禅法心要:"平常心是道。"

而这一位幽默而活泼的老禅师,不时会冒出极有意思的话语,点出人们内心的困惑茫然,他的眼睛总是能张望到一个永恒奇妙的世界。

有一天,一位慕名而来的学僧,风尘仆仆地跑来观音院拜见老禅师。

没想到赵州从谂却不是一个爱说教的师父,他什么道理也没说,只神情怡然地问着:"你以前来过这里吗?"

学僧恭敬地回答:"来过了!"

赵州从谂点头说:"那吃茶去吧!"

学僧只好捧着一碗茶一旁喝去了。

不久,又来了另一名要请教佛法的学僧,赵州从谂一样问他:"你以前来过这里吗?"

喝茶吃粥

这名学僧回答:"没来过!我第一次来这里。"

赵州从谂听后,依然不为所动,还是叫他:"吃茶去。"

这时,管理观音院的院主听不下去了,疑惑万分地问老禅师:"师父,来过的,您叫他去吃茶,没有来过的,您也叫他去吃茶,这究竟是什么原因呢?"

赵州从谂不回答他的问题,只大声喊着:"院主。"

院主赶忙回应:"在!"

赵州从谂看着他说:"吃茶去。"

该喝茶就去喝茶,不必啰唆!

在茶碗中细细品味人生的百般滋味,所有的道理都包藏在一碗茶中,何必再说。众人的佛性平等,都有一碗茶喝,哪分什么谁来过谁没来过。

赵州从谂的茶这么有名,后来人们送给他的别号,就是"赵州茶"。

喝了茶,再来吃粥。

这回来了一位比较有悟性的学僧,一见到老禅师,拱

心中无事

手作揖地自谦说:"学人我还是相当地迷昧,请师父指点一二。"

赵州从谂换了问题:"早晨吃粥了吗?"

学僧的肚子是饱的,便说:"吃过了。"

赵州从谂又说:"洗钵去。"

话才落下,学僧忽然就领悟了老禅师的话中含义。

粥吃完了,自然就去洗碗,佛法本来就是这么自然的事情,想那么多,说那么多,又有什么用?想多了,说多了,就是所谓的执迷不悟。

老老实实地活在属于自己的日子里——既不跟随念头起舞乱转,抱怨东、抱怨西,也不盲目地追逐外界的物质诱惑,以为是快乐——这即是禅的真谛。

你今天喝茶吃粥了吗?来一碗吧!

随他去

有二十年的时光,赵州从谂禅师像一个流浪汉一样,在整个中国漂泊着。

当他开始云游四海时,已经是快六十岁的老先生了,是什么原因让他非走不可?而且,一走还走到八十岁,才肯停下脚步。

从二十岁起,他就跟随南泉普愿禅师习禅,将近四十年,是南泉普愿的真传弟子。

心中无事

也许有人会觉得很奇怪,跟同一个师父学那么久的佛法,究竟学了些什么呢?

有一回,学僧问他:"南泉普愿禅师究竟传了什么样特别的法门给您呢?"

赵州从谂答非所问地应了一句:"镇州盛产大萝卜。"学僧听得都愣住了。这是说什么呀?

所谓的特别,即是有别于寻常的例外,这也是大家都在追求的东西,每一个人都希望自己很特别:穿得特别、吃得特别、用得特别,连想得都很特别。

而"镇州盛产大萝卜"是当时大家都知道的稀松平常之事,就像现在大湖盛产草莓、基隆盛产雨水的道理一样,如此平凡,一点都不特别。

但赵州从谂并不是随便说说,他的意思是南泉普愿所传的禅法别无其他,任何的事物与人世起伏遭遇,今天下雨、明天出太阳,都要用平常心去看待它们。

也就是内心不要有分别心,"平常心是道"的意思。

如果没有转念,没有改变自己的心,而一再被华丽的

欲望所牵引，只会让自己离快乐愈来愈远。

活泼风趣的赵州从谂，不仅回答问题如此直率，连他决定浪迹天涯，也是一句"随他去"，就让他放下一切，奔波了二十年。

有一天，一位初学佛法的学僧，向赵州禅师提出一个问题："宇宙也有成住坏空四大劫数，到了末劫时候，整个宇宙都毁灭了，我们这个肉身还会在吗？"

赵州从谂回答："会坏。"

学僧又问："那我们该怎么办呢？"

赵州从谂顺口便说："随他去！"

可是事后赵州禅师却愈想心愈不安，觉得这样的回答并不妥当，可是又想不出更好的答案。

别的事可以随他去，但关于"生从何来、死从何去"的生命本质，就不能任意地随他去了！就要去寻个内心的彻底明白，找到本来面目。

于是，在"只为心头未悄然"的情况下，五十七岁的

心中无事

老人家发挥求道的精神，穿着一双草鞋便外出了，跋涉千山万水，四处寻访名师，留下了这则"一句随他语，千山走衲僧"的著名公案。

他曾在云居禅师那里挂单，云居禅师看他年纪这么大了，还没个落脚处，便劝他："你何不找个长居久住的地方，专心修行呢？"

赵州从谂反问他："哪里是长居久住之处呢？"

云居禅师指着前方说："山前有一座废弃的寺庙，你把它整修整修，就可以住进去了。"

赵州从谂却笑说："那和尚怎么不自己去住？无处不是修行处，我又何必贪恋一个住处。"

说完，又继续他的旅程。

直到最后，赵州从谂总算在观音院止步了，那时他已高龄八十，并对自己多年行脚的心得下一结论："及至归来无一事，始知空费草鞋钱。"

这句话的意思是：等到归来时，一无所获，才知道白白浪费了草鞋的钱。

随他去

原来,生命的答案就在自己的心间,不假外求。

真的是这样吗?如果没有通过一次又一次的自我追寻,哪里会知道幸福的青鸟就在自己的家门口?

一个人要勇于寻找自己的故事。

听说老禅师一直活到一百二十岁,被称为"赵州古佛"。

心中无事

 **人生的束缚**

山上多风,天气变化无常,就像人生的起伏不定一般。

尽管冬天呼啸而过的冷风,如冰刃滑过,冻得令人难以忍受,但是,在燠热的夏日里,山上的风,却又像清凉的雨露,迅速消解暑气。

这一晚的风,吹拂过安徽池阳的南泉山,把禅院的一千棵松树全都撩拨了一遍,发出动人的天籁音声。

正在散步的普愿禅师,对身旁的弟子喟叹说:"夜来好风!"

人生的束缚

弟子也应答:"夜来好风。"

话才落下,禅堂门前的松树被接续而来的强劲夜风,吹断了一根树枝,掉落在地上。

老禅师顺手捡起,又说了一句:"吹折门前一枝松。"

跟在后头的学僧,也同样说:"吹折门前一枝松。"

老禅师点点头,对弟子的表现感到满意。

对于这些外在现象的缘起缘灭,他只任运随缘,如实面对,并无掺杂好恶喜乐等等的妄想心识,算是通过了老禅师的考验。

过两天,同样的风再度吹起,这时师父身边换了另一名弟子,老禅师一样又说:"夜来好风!"

这弟子一听,知道老禅师是在考试了!为了表现聪明,故意回问:"是什么风?"

是东风、西风、南风,还是北风?是疾风、大风、烈风、狂风、暴风,或是飓风?

这弟子的心,当场被外境所迷,脑子里纷纷冒出许多念头。

风不小,啪啦一声,又吹断了一根松枝,老禅师接着说:"吹折门前一枝松。"

弟子随即应道:"是什么松?"反问师父,"是哪一棵松树的树枝被吹断了?"

禅师笑而自语:"一得一失。"

得的是之前从境界跳脱出来的弟子,失的是此刻随境界流转不停的弟子。

念随境转,正是一般人常犯的毛病,这也是人生的束缚。

不久,宣州的刺史陆亘大夫专程来到南泉山,向足不出山的普愿禅师请教禅法。

他熟读经论,也算是一个有慧根的人,所以特地用一个比喻,作为提问:"就像古人在瓶子里,养了一只小鹅,后来鹅慢慢长大了,出不了瓶子。请问禅师,如何能在不毁坏瓶子和鹅的情况下,让鹅脱身而出呢?"

这段话的意思是:我们的心就像鹅一样,在小的时候非常单纯,无忧无虑,没有任何的窒碍。可是等到长大后,心也愈来愈大,装着各种不同的想法和欲望,当然也会被窄狭的瓶子束缚得无法解脱,像这样子该如何是好呢?

普愿禅师并不直接回答问题，只唤了声刺史的名字，陆亘赶忙应道："在这儿！"

只见普愿禅师微笑地说："这不就出来了吗？"陆亘立刻开解，明白了禅师的含意。

鹅象征着众生被贪、瞋、痴、慢、疑所喂养的心，瓶子则是生活中遇到的各种情境，只要我们能够安住在当下："我在这儿！"让心和当下结合，不去妄想一切，就既没有心、也没有瓶子，只有这一刻活着的自己，自然也就没有所谓的束缚和救鹅（求解脱）的问题了。

这重重的人生束缚，无非是自找的麻烦，自己为自己寻来的烦恼。

心中无事

谁危险呢？

时间的河流，静静流过森林里每一个古老的夜晚。

春天去了，秋天来了；候鸟南飞了，然后又北返；种子长成了大树，延伸成林海。

随着时间的流逝，有许多树纷纷倾倒，只有这一棵千年松树，依然独立在湖北秦望山，瞭望遥远的过去。

枝叶繁茂，树干盘曲，看起来就像是一个巨盖。

有一天，一位漫游的禅师晃荡到了西湖，他的眼力极好，一眼就瞧见远山外的这棵松树，他笑了！

谁危险呢?

过了两天,禅师徒步来到巨松下,像猴子一样爬到树上。

他躺在厚实的树干上,看着星星和月亮,看着旷野和云海,看着喜鹊飞来筑了一个巢,便决定也在这棵树上定居下来。

时间的河流继续流着,人们开始流传着一则故事:"有位莫测高深的道林禅师,和鸟一起住在森林深处的大松树,他真是一个奇怪的和尚。"

渐渐地,人们改叫他"鸟窠道林"禅师,也有人称他"鹊巢和尚"。不时也有人跑来向他请教佛法,就这样,树上的禅师声名远播,连刚出任杭州太守的唐朝大诗人白居易,也慕名前来。

他站在树下,头仰得高高的,朝上呐喊:"道林禅师,您在吗?"心里却惊呆了,眼前这棵高达数十公尺的巨大松树,高耸无比,相较之下,正在树顶打坐的禅师却显得十分渺小,万一不小心摔下来,后果可真不堪设想。

他不禁为禅师捏了一把冷汗,便说:"师父,您住在树上实在太危险了!"

心中无事

道林禅师却不以为意，声音从上面落下："谁危险？我看你的处境才危险。"

白居易愣了一下，笑答："我身居官位，是地方上的太守，出入都有士兵保护，怎么会危险呢？"

树上又传来道林禅师悠悠的叹息："正因为你身居官位才危险，要知道'薪火相交，识性不停'。"

白居易疑惑地问："什么意思？"

道林禅师缓缓解说着："官场上的钩心斗角，起起伏伏，就如同一堆交叠的木薪，稍一不慎，一把无明火就把它给烧光了，而且为官的人终日忙于权术，心识也跟着外境奔流不停，反而容易消昧了灵性。"

听完禅师这番深奥的道理，白居易如梦初醒，赶紧再问："那么请教禅师，什么是佛法大意？"

道林禅师丢了一首偈子：

诸恶莫作，众善奉行，
自净其意，是诸佛教。

谁危险呢?

意即:"所有的坏事都不要去做,所有的善事都要奉行,净化自己的每一个心念,这就是佛法的真义。"

原以为道林禅师会说出更高妙的禅理,没想到竟然是一般老生常谈,白居易不免轻率地说:"这话连三岁的孩童都会说哩!"

道林禅师又说:"是呀!虽然三岁的孩童都会说,但八十岁的老翁却不一定做得来。佛法最重要的是去做,不是说说而已。"

白居易恍然大悟,内心既惭又愧,对禅师更加佩服得五体投地,他再度叩首致谢,才带着一颗领悟的心步出森林。

回去后,他又写了一首佛偈送给道林禅师:

特入空门问苦空,敢将禅事叩禅翁;
为当梦是浮生事?为复浮生是梦中?

鸟窠道林也回了他一首:

心中无事

　　　　　来时无迹去无踪，去与来时事一同；
　　　　　何须更问浮生事，只此浮生是梦中。

　　然后，树上的禅师进入梦中，变成一只最初飞过的鸟。

 # 每一天都是好日子

日子像流水一样滑过,总是让人感怀着美好的曾经不再。

就像每一次的旅行,路上浩瀚的风景瞬间消失于汽车的后视镜,抓不了也留不住,怎么办?即使拍摄下来的照片,也只是到此一游的纪念罢了!

在中国禅宗拥有"云门一字关"称号、向来以一个字道破禅意并教化学人的唐末五代云门文偃禅师,曾说过一句流传至今的千古名言,可以作为解答。

有一天,正是农历十五日月圆之时。

刚要步入禅堂的云门文偃,忽然停下脚步,抬起头望着天空中那一轮银币般的皎洁明月。

然后,他一进门,便问在场所有的弟子:"十五日已前,不问汝。十五日已后,道将一句来。"

也就是:"十五以前的日子,已经过去了一半,就不必再问你们了!我只问十五以后是什么日子,请你们用一句话来说说看。"

弟子们一听,个个不知该如何回答,十五日过去了,自然就是十六日,这是大家都知道的事情,但不一定是老和尚要的答案。

也有人接着思绪:一个月有三十天,十五日过去了,表示一个月已经过了一半,在那些消逝于早晚的时光中,自己做了哪些事,遇见了哪些人,又有哪些是幸运顺遂的大好时光,哪些是倒霉透顶的最坏时光……

还有人计划着:那剩下来的另一半日子,我可要做哪些事,和哪些人见面,哪些是诸事不宜的坏日子,哪些是天气转晴的好日子,可以晒晒被子……

众人陷入一片沉默的长思。

眼看弟子们答不出来,文偃禅师只好自己替他们回答:"日日是好日。"弟子们一听,个个面面相觑,惭愧自己悟性太差。

这句"日日是好日",可真回答得绝妙无比!

什么是好日子?什么是坏日子?

你的坏日子,很可能是别人的好日子。

而且,不管时间流逝了多少,那些过去都已成为斑驳的历史,纵使曾经壮阔,也化为无痕;纵使曾经惊骇,也不再掀起波澜,有的只是你的空想延续造作而已。

可是,没有关系,我们还有此刻啊!及时把握眼前的时光,管它月圆月缺或是晴天雨天,每一个片刻都可以成为生命中最美好的印记。

时钟移动的每一格,都是同样的一秒钟,每一秒钟都是平等的,并无差别,是我们用外在的变化去看待它们。

所以,一个修行者并不会对过去的华丽抓取不放,或对未来的辉煌多所期待,而是珍惜眼前的每一个日子。

心中无事

而一个深谙禅法的人，更不会执着于什么是好日子，什么是坏日子，从而盲目地追逐颠倒梦想。只把每一天都当做是最好的日子全然地活、真实地过，不去分别怎样才是优渥生活，粗茶淡饭也可以尝出另种美味。

每一个人的日子，自会呈现日子本身要我们去学习的含义。

日日是好日，就是向你的生命庆祝："是！我接受这一切，一切都有它的道理。"

今天下雨，是好日子。

今天出太阳，也是好日子。

在每一个好日子里，用一样的欢喜心去迎接吧！

从无开始

清福好享吗?

当忙碌的时候,人们总盼望能早日享受清福;果真闲逸下来时,是不是也会由于没事做而发慌呢?

要享清福须有一颗重新归零、从"无"开始的心,愿意像孩子一样,张大活泼好奇的眼睛,重新发掘这个世界之美。

"无"这个字是"没有"的意思,人们穷其一生一直在追求"有",有一位禅师却在"无"中开悟了。

心中无事

许多年来,南宋禅师无门慧开马不停蹄地寻师问道,却还是找不到自己契入的法门,最后他来到江苏平江府的万寿寺,参见黄龙宗派的月林师观禅师。

"你就从赵州禅师的'无'字话头去参吧!"月林禅师这么说。

赵州禅师有一则著名的公案:"狗子有佛性也无?"

也就是一名学僧问他:"狗有佛性吗?"

赵州禅师先说:"无!"

学僧疑问:"从诸佛到蝼蚁,都有佛性,为什么狗没有?"

赵州回答:"因为它还有'业识'存在。"

又有另一名学僧问同样的问题:"狗有佛性吗?"

赵州却说:"有!"

学僧反驳说:"既然有佛性,为什么还会当狗?"

赵州解释道:"因为它习气不改。"

赵州"无"字公案从此声名大噪,尔后自黄檗希运禅师开始,便要求弟子们参此公案,要他们去发现"无"背后的意义。这回月林禅师也叫无门慧开从此字切入。

从无开始

于是，从早到晚无门慧开都和"无"字在一起，不管是穿衣吃饭，甚至是如厕睡觉，任何的行住坐卧，他都紧紧守着这个字，专心参究。

如此匆匆六年过去了，什么事都没有发生，他还是一无所获，内心虽然煎熬，却更加促使他勇猛精进，跑到佛前发誓："若稍睡眠，我身烂却。"

就在这样的决心下，他几乎不睡觉地一路苦参，疲惫到极点时，不是用头去撞柱子，就是跑到佛殿外面的长廊去行禅。

有一天，他正在禅堂经行时，就在一片静寂间，从远方斋堂传来一阵阵密集的鼓声，就像一波波的海浪席卷而下，始终解不开的疑惑顿然化为无形，"无"字融入了偌大的空无之中。

忽然，他明白了，明白这个"无"字，既不是有无的无，也不是虚无的无，而是无住（没有执着）、无念、无相、无善恶、无分别心。

第二天，月林禅师印证了他开悟的心境，却故意喝他一声，无门慧开知道自己已经得道了，毫不客气地回喝师

心中无事

父一声，两人哈哈大笑。

后来无门慧开特地汇编四十八则历代禅宗公案，集为《无门关》一书，此后"无门关"成为禅门锻炼禅师契悟的一种修持法，也就是以"无"为法"门"。

在《无门关》的第十九则，无门禅师还留下了一则旷世诗偈：

春有百花秋有月，夏有凉风冬有雪；
若无闲事挂心头，便是人间好时节。

春天有繁花美景，秋季有明月高照，夏天有清风徐来，冬日有冰雪满天。

不管在什么时候，只要心中没有世俗之事罣碍着，就是人间的好时节，也就可以好好地安享清福了！

没有功德

 **没有功德**

热暖的西南季风,从遥远的孟加拉湾自海洋一路袭来,风势强劲,蕴藏某种"非如此不可"的命运讯息,连乘风北返的燕子们,也被吹震得必须更加卖力地挥舞羽翼,才能跟上队伍。

尾随其后的,则是一艘风帆张扬的外国船只,上面载着一位神秘的旅行者。

船穿越了马六甲海峡,往北滑入当时是魏晋南北朝的震旦中国,停靠在广州海域的某一处码头。

心中无事

旅行者结束了漫长的海上行程,踏上他期待已久的龙族土地。

这位神秘的旅行者,曾经是南天竺香至国的王子,然而现在他已不是这个身份了!世界上有一种东西,超越了财富与尊贵,为了追求这样的东西,本名为菩提多罗的王子,放弃了华丽的王位和所有的一切,全力地去寻找它。

他找到了吗?

是的!他找到了!他找到的这个可贵的东西叫做:禅的智慧。

现在他的身份是印度禅宗二十八祖,继承当初佛陀传给大迦叶尊者"拈花微笑"的心印;而他的新名字就叫菩提达摩,也就是"觉法"的意思。

为什么菩提达摩要来中国呢?

这个问题,也成为后来禅宗参悟的话头。

达摩来中国的理由很简单,他的老师二十七祖般若多罗,在达摩得法时跟他说过一段预言:"你虽然得法了,但还不可以远游,最好待在南天竺,等到我入灭六十七年后,你再前往震旦(中国)弘扬禅法,将会大有所成。"

没有功德

此外还吩咐他:"到了中国时,千万不要待在南方,因为那里只会做表面工夫,却不见佛法,不宜久留。"

般若多罗果然是一位先知,就在他死后六十七年,整个天竺陷入混乱,佛教逐渐式微,禅法要能持续不坠,只有转往中国发展,而达摩正肩负着这个重责大任。

达摩抵达中国的消息,随着沸腾的风声传到南朝梁武帝的耳朵里,这位笃信佛教、热爱做佛事的皇帝,赶紧命番禺(广州)刺史萧昂将他迎入建康京城,他要好好向这位天竺大师当面请教佛理。

其实不是请教佛理,而是确认一些事情。

梁武帝见到达摩,提出的第一个问题是:"朕即位以来,造寺、写经、度僧,不可胜数,请问我有什么功德呢?"

布施、供养是佛教中广修福报的方式之一,梁武帝以其帝王之尊,所能扶持的佛教盛事,自然比一般人超出更多,对此,他一向沾沾自喜,心想自己必定功德无量,只是不知道无量到多少,所以还要向达摩确认一下。

没想到达摩回了句:"没有功德。"

梁武帝愣了一下,以为自己听错了:"怎么会没有功德呢?"

达摩平和地说:"这些功德,只是小乘、天人的果报而已,并不究竟。就像影子一样,看起来好像有,其实是不存在的。"

梁武帝疑惑地又问:"那如何是真功德?"

达摩回答:"净至妙圆,体自空寂,这样的功德无法从世间求。"

达摩所说的,是指禅修开悟的状态,要自己努力去修证,达到自性圆满的空寂境界,才是真正的功德;而且佛经也说"不住相布施",才是布施的真义。

不服气的梁武帝,决定考考达摩:"什么是圣谛第一义?"

达摩答了四个字:"廓然无圣!"

就像虚空一般,没有什么是最神圣的,心性如果不执着,自然无凡圣之分,什么都是平等的。

梁武帝心想:"怎么会没有最神圣的,否则我这个皇帝又算什么!"他气得火冒三丈地吼着,"那么,在我面前

没有功德

的究竟是谁?"

只见达摩摇头说:"不知道!"

既然两人话不投机,无法契合,达摩只好自行求去,他心想南朝是待不下去了,只有北渡长江到魏朝,另觅机缘。

于是,达摩在长江边上,以一苇渡江,漂泊到嵩山少林寺,在寺后的五乳峰石洞进行长达九年的静坐壁观苦修,终日默然不语,等待一个"不受人欺的人"。

最后,他成为中国禅宗的初祖,开启了中国禅宗"一花开五叶"的繁华盛景。

心中无事

我心不安

下雪的晨曦,在幽寂山间,清晰可闻白雪降落的悄然之声,轻轻的,宛如一首缓慢抒情的序曲。

这一场雪下了多久?在不经意间,一点点地堆积、堆积,早已过了及膝的高度。

在雪中,有一个人伫立在山洞口外,任由纷飞的雪淹没他的脚、他的身体。

从雪开始下的那一刻,他就站在这山洞口,等候洞内老禅师的回应,雪下了多久,他就站了多久。

我心不安

在雪中,他反复告诉自己:"古人求道,不仅刺血济饥,甚至投崖饲虎,比起他们,我又算什么,即使大雪将我掩埋了,也绝不退转。"

有什么原因,让这位名叫神光的中年僧人非如此坚持不可呢?

因为一场梦的关系。

神光曾经是位饱读诗书的洛阳少年,在遍览群书后,终于发现一件事,那就是:"纵使世间的学问都研读透了,却还是无法穷尽宇宙的真理。"

于是,他便出家为僧,深入各种大小乘的教义,三十三岁时,他又返回香山故居,静坐了八年时光。

有一晚,他做了一个梦,梦里的声音说:"往南走,必遇一师。"

第二天,他只身出发,往南而行,要去寻找这一位老师。走到了冬天来临的寒冷季节,他的足履踏进嵩山少林寺。

听说寺后的五乳峰石洞,有一位天竺来的高僧达摩,已在洞内面壁默坐长达九年之久。

有一回送饭的僧人一进洞内,还发现达摩大师竟然不见了,可墙上竟分明出现他静坐的影子。

神光忽而明白他的老师在哪里了——他寻寻觅觅将近半辈子,答案就在他眼前这座很容易忽略过去的山洞。

当他抵达洞口时,这场雪就开始下了。洞内的达摩知道有人来了,却没有叫他进来,连对方的呼唤也不理会。

曾经有人问达摩:"你来中国是为什么?"

他回答:"我在等一个不受人欺的人。"

如果没有经过一些考验,怎会知道谁是不受人欺的人呢!一个不受人欺的人,其心志必然刚强坚毅,且坚定不移,如此之人才能抗衡劣境,为禅宗开创新局。而彻夜彻夜守候在洞口的神光,正在经历这项毅力的考验。

好几天过去了,达摩终于开口:"年轻人你一直站在那里,究竟要求什么?"

神光的眼泪流了出来:"请求大师开示甘露法门,以利众生。"

神光的恳求,却换来达摩轻蔑的笑声:"诸佛妙道要能不以身为身、不以命为命,才能求得,不是一般小德小

智的人所能求的，你就别白费心思了。"

神光听后，从怀里取出一把利刃，当场把自己的左臂给砍断，表明他求法忘躯的决心。

达摩大受感动，知道神光正是自己在等待的人。他叹了一口气说："诸佛最初求道，为法忘形，今天你在我面前断臂，道已可以求。"并赐给神光三个法宝，一是法号慧可，二是禅宗传承的衣钵，三是《楞伽经》四卷。

接着慧可跪在达摩面前，问道："请老师告诉我诸佛心印的法门？"

达摩回答："诸佛心印的法门无法从别人那里得到。"

慧可又说："我的心不安，请老师为我安心。"

达摩伸出手："把你的心拿来，我就为你安心。"

说完，慧可恍然大悟，好一阵子才回过神说："弟子找遍了，就是找不到心。"

达摩点头说："是呀！我已经为你安心了！"

心要是能摒弃外缘，不去动念、没有妄想，就能像达摩面前这堵如如不动的墙。

已得达摩精髓的慧可，这回真的安心了。

心中无事

 从心下工夫

唐朝开元年间,有一天,南岳衡山的般若寺来了一个四川和尚。

这个和尚长得很奇特,牛行虎视,引舌过鼻。

也就是走起路来像牛步行一样,脚步坚实缓慢;看人的时候,眼睛就像老虎一般,目光锐利有神;更厉害的是,他的舌头长到可以绕过鼻子,而且脚底还长了两个轮纹。

这么怪异的一个奇人,来到般若寺后,却什么话也不说,也不读经书,或者向人请教佛理,只管每天在山中草

从心下功夫

庵打坐。

这一坐，也坐了很长一段时间，看起来禅定的功夫应该修炼得不错，连怀让禅师都风闻寺里来了这号人物——俗姓"马"的马祖道一。

怀让的老师六祖惠能曾经对他说过的话，此时忽然浮现脑海："向后佛法从汝边出，马驹踏杀天下人。"

怀让禅师笑了笑，心里有谱地走到马祖道一面前，看他一动也不动，像根木头一样。开口便问："你整天打坐，图个什么呢？"

马祖道一回答："当然是图个做佛呀！"

话才说完，怀让禅师弯腰捡起地上的一个砖块，然后在庵前的石头上磨了起来，这个举动连怪人马祖道一都觉得怪极了。

他好奇地问道："师父，您磨砖做什么？"

只见怀让禅师很认真地在磨砖，额头都冒出汗水："我要把它磨成镜子。"

马祖道一忍不住笑了出来："砖块哪能磨成镜子啊！"

怀让禅师松开手，看着马祖道一说："磨砖既然磨不

成镜子,你成天枯坐就能坐成佛吗?"

马祖道一当场愣了一下,赶忙下座:"那该如何是好?"

怀让禅师回问他:"好比驾着牛车上路,要让车子动的话,是要打车,还是打牛呢?"

马祖道一不语,老禅师接着说:"你学坐禅,是为了成佛。学坐禅,可是禅并不仅只是打坐的样子而已,想成佛,可是佛并非一成不变的形相。一切法都是空的、无住的,不应有所取舍,拘泥于表面形式。你要是执着于身体坐禅成佛,而不用心,只是把佛给杀了,却不能得到真理。"

经怀让禅师这一番醍醐灌顶的教诲,马祖道一立刻向老禅师拱手作揖:"要如何用心,才能契合无相三昧?"

怀让禅师指出一条明路:"你要学习心地法门,就像播下一颗种子,而佛法的法要,正如天降的甘霖雨泽,当因缘和合时,便能见道。"

什么是心地法门?

就是把我们的心视为大地,心即是佛,佛即是心,从

心下工夫，达到究竟圆满之境。

马祖道一疑惑地问："道无形无色，可以见吗？"

怀让禅师回答："心地的法眼可以见道，也可以了知无相三昧。"

马祖道一又问："道也会成住坏空吗？"

怀让摇头："真正的道是没有形相的，所以也没有成坏之分。"

接着他又说，来！我告诉你一首佛偈

心地含诸种，遇泽悉皆萌。
三昧华无相，何坏复何成！

马祖道一一听，豁然了悟，尔后他留在怀让禅师身边十年，承袭了"即心即佛"和"平常心是道"等玄奥的禅理，并运用活泼的禅机，将南禅佛教带向巅峰。

海阔天空

农夫将一株株青色秧苗插满田间,
低头插秧便看见田中水面倒映的天空。
为人若是谦虚柔软,能够低下头来,
自然拥有一片海阔天空。

心就是佛

 心就是佛

心是什么?

心有时是一早晴灿明朗的朝阳,有时是午后下起的瓢泼大雨。

心还是一首沦陷情绪的歌,或者是一长串脆弱伤感的叹息。

心常常抱怨:这个世界太糟糕;也常常批评:这样做得不够好。

心不时计划着、盘算着——下个月要去英国,明天要

开一个会,后天要和谁见面,该赚取多少财富,要工作到多久,这个人对我有什么好处……

心总是觉得自己太孤单了,没有人能了解,没有一个理想的对象,愿意倾听自己的长篇大论和满腹牢骚。

心的念头像溪水一样川流不停,也像马路上各式各样的车子一般疾驶而过,不但排出一堆废气,还发出刺耳噪音。

欲望的心,愤怒的心,执着的心,物质的心,计较的心,比较的心,自私的心,没安全感的心,好表现的心,不服输的心,骄傲的心,怀疑的心,好逸恶劳的心,一直不知跑去哪里的心——都是我们凡夫的心。

究竟心是什么,有一位禅师却有不一样的看法。

自从继承南岳怀让的法脉后,马祖道一便在江西洪州弘扬禅法,开创了禅宗丛林,世称"洪州宗"。他的法嗣弟子多达一百三十九人,其中百丈怀海、南泉普愿及西堂智藏,更是著名的洪州门下三大士。

有一天,大梅远来向马大师请教禅理:"师父!如何是佛?"

心就是佛

马祖道一回答:"即心即佛。"

意即"心就是佛"。

这意思是:我们每一个人心的本性就是佛的本性,只是经常被烦恼和无明的乌云给遮蔽了!只要从心着手,去除这些贪、瞋、痴、慢、疑五毒所引起的烦恼和无明,自然就能拨云见日,见到心真正的本性,也就是佛性。

后来,又有一名僧人问马大师同样的问题:"如何是佛?"

马祖道一的回答是:"非心非佛。"

乍听之下,好像和前面的答案完全不一样,事实上却有异曲同工之妙。没有了心,就没有了佛,所以成佛一定要用心,从自己的心开始用功,不假他求。

另一日,越州的大珠慧海千里迢迢,从浙江大云寺前往江西洪州开元寺,向马大师请益。他听说马祖道一机锋峻峭,且变化无穷,特地赶来求见。

马祖道一问他:"你从哪里来的啊?"

大珠慧海恭敬地回答:"我从越州的大云寺来的!"

人家大老远地来参拜他,马祖道一却一点也不领情:

"来这里做什么呀?"

大珠慧海又答:"特地来向和尚请教佛法。"

马祖道一冷冷地回应:"我这里什么东西也没有,求什么佛法?你放着自家的宝藏不顾,抛家乱走个什么呀!"

说得大珠慧海脑子里冒出连续问号:"何个是我慧海自家的宝藏?"

马祖道一指着他说:"现在在这里问我的这个人,就是你的宝藏。一切都具足,更没有任何欠少,可以自在使用,何须再外求呢?"

说完,大珠慧海当下了悟。

有时候,我们太迷信于寻找一个老师,而忘了我们的生活、我们的经验、我们的自身就是我们最好的老师。

不要执着于去找一个身外之佛。佛陀在哪里?就在你的心里。

心就是佛。

阶级是空

 阶级是空

广东唯一会下雪的地方，就在距离韶关二十里远的大庾岭山上。

那里有一条清澈的曹溪，潺潺地唱念着无数消失的诗偈，诉说几千年以来无言的智慧。

有一年，六祖惠能跋山涉水来到大庾岭，看见周遭巨大的树木蓊郁成林，充满罕有的祥瑞气象，于是便决定留驻此地。

原本这里有一座建造于梁武帝时期的宝林寺，后来在

海阔天空

隋末战争时毁损成废墟,韶州的信众们特地将宝林寺重建起来(宋初改名为南华寺),并延请六祖居住。

从此,六祖在此开启了弘扬南禅顿悟佛法的事业,并伴随着曹溪的水声流传至今。

当惠能揭起曹溪禅风的初时,有一天,大庾岭偌大的山风,吹来了一位来自江西吉州的僧侣,他就是青原行思。

青原行思从小就出家,他的个性沉着内敛,是个寡言的人。每当僧众们群聚一起议道论理的时候,他总是静默地待在一旁,也不加入任何的言谈。后来,他听说惠能正在曹溪说法,便毫不犹豫地立刻动身前往参礼。

惠能接见他时,一向沉默的青原行思倒是开口说话了:"当何所务,即不落阶级?"

应当怎么修行,才不会落入阶级之分。

会问这样的问题,可见青原行思是一个很有智慧的人,因为他明白就算是修行人,也会落入阶级之分。

"阶级"这个东西,不管俗人或圣人似乎都逃不过它的魔力。世人热爱跻身高人一等的名门贵族或者清高之流,许多修行人也总是执着于伟大的开悟不放,立志要当一个

禅师中的禅师,而忘记了祖师们的谆谆告诫:"有佛处,急走过;无佛处,莫停留。"

没想到惠能却回问他:"汝曾做什么?"

你曾经修过什么法门呢?

惠能并不直说该怎么做才是对的,而是让弟子们自己去推敲。一个真正成功的老师,并不是自吹自擂,而是让学生自己去发掘真理,就像佛陀所说:"我所说的话,你们可以不必相信,最重要是你们要亲自去验证。"

青原行思顺口答了句:"圣谛亦不为。"

也就是,就算是圣谛的法门,我也不修。

惠能又问:"落何阶级?"

那这样会落入什么阶级呢?

青原行思笑说:"圣谛尚不为,何阶级之有。"

我连圣谛的法门都不执着了,哪还有什么阶级呢?

惠能听后,内心非常地器重他,知道这个年轻人已契入中道实相,明白阶级是空的道理。

事实上,所有凡与圣、高与低、优与劣、愚昧与智慧,都不过是分别心(或者说埋藏在内心深处的虚荣心)在作崇而已,并因为这个分别心(虚荣心),造作了更多的欲望和贪求。

一个修行人如果一心想求开悟,一心想成为大师,后果更是不堪设想,还不如好好当一个平凡的人。

青原行思的修证境界,不仅深得惠能的精髓,更是惠能座下五大弟子(青原行思、南岳怀让、永嘉玄觉、菏泽神会及南阳慧忠)之首。

尔后,青原行思遵从"汝当分化一方,无令断绝"的师命,转往吉州青原山的静居寺弘法利生,并衍生出云门、曹洞和法眼三派,与南岳怀让一脉所发展出的临济、沩仰两派齐名,成为中国五大禅宗派别。

正如达摩祖师早先所言:"吾本来兹土,传法救迷情;一花开五叶,结果自然成。"

 # 挑水给谁喝？

湖南潭州的沩山，原本是一座林野荒山，没有人迹踏入，只有飞鸟与野兽尽情奔驰。

灵祐禅师（沩仰宗初祖）奉师父百丈怀海之命，来沩山修道数年后，终于建起一座可容纳千名僧人的梵宇道场，不仅得到唐朝皇帝赐名为"同庆寺"，连宰相裴休也来亲近问法，参与佛事。

有一则传说很有趣，是关于裴休送子出家的故事，这个传说和灵祐禅师也有点关系。

海阔天空

据说笃信佛教的裴休,因为自己出家不成,便将自己的状元儿子裴文德送去沩山出家,成为灵祐禅师的弟子。

有一说是,被皇帝钦点为翰林的裴文德,正当开展仕途时,却遇上皇太子生了一场重病,必须出家为僧才能转运,在不得已的情况下,裴休只好让自己的儿子代为出家。

灵祐禅师给裴文德取了一个新名字,叫做"法海",也就是后来《白蛇传》中水漫金山寺的法海和尚。

法海来到沩山后,灵祐禅师什么事也没教他做,就只要这位满腹学问的大学士负责挑水给僧人喝。

沩山有上千名僧侣,光是喝水就要多少桶?

每天一早三点钟,法海就得起床,那时天光还未透亮,他已经在井边挑水,走了一趟又一趟,等到众人都做完早课,他还在挑水个不停。

就这样挑了好几年的水,法海连一次诵经或打坐的机会都没有。他心底觉得也还好,毕竟自己有的只是世俗的学问,还不够资格去参禅,能挑水给这些精进修行的僧人喝,也算是功德无量。

有一天,他的事情忙完,正好有个空档,忽起一个念

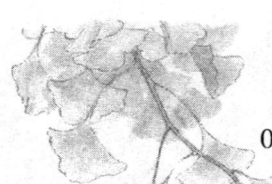

挑水给谁喝?

头:"我来瞧瞧这些僧人们,平常是怎样用功的。"

于是,他跑到禅堂边上往里头偷偷瞧去,只见禅堂内有的人虽安然端坐,有的人却摇头晃脑,根本就是睡着了;还有的人乘机偷懒,不仅坐立不安,甚至还东张西望。

法海看了,内心极为不满:"我每天这么辛苦地挑水,竟然是给这些不像样的出家人喝,他们怎么配得上我的供养呢?"

愤愤不平的法海,转过头发现师父就在面前,他虽没说出心中的抱怨,可是灵祐禅师却不是普通的人,他把法海叫进方丈房内教训。

"你来这里白住了好几年,现在又唠叨出家人不值得你供养,你把东西收一收,离开本院吧!"

法海一方面惊讶师父怎么知道自己起了傲慢瞋心,一方面颇感委屈地收拾行李,准备离开寺院。

临走前,他还是来向灵祐道别:"师父,您要我去哪里呢?我身上连一毛钱都没有。"

原以为师父会因此原谅他,把他留下,没想到灵祐递给他八个半钱,说:"随便你去哪里,这些钱用完前,千万不要停留。"

法海只好拿着八个半钱,离开了沩山,为了怕不小心将这微薄的钱花掉,他从湖南一路乞讨走到江苏,供养他的人什么人都有,上自富绅贵族,下至贩夫走卒。

这也让法海渐渐明白师父赶走他的用意,正是要他去体会供养的真义——供养贵在一份真心诚意,而非在乎对象为何,事实上你并没有供养谁,而是供养自己的善心。

最后他走到镇江,看见长江上漂着一座岛屿,岛上立着一座俊秀缥缈的灵山。

他被那座山给吸引,便招来船伕想渡江过去,一问船资,正好是八钱半。

他欣然将身上所有的钱都交给船伕,知道这就是他的终点站。这座山亦即后来发现金子因而命名的"金山",法海成为金山的开山祖师。

 ## 炉子还有火吗?

在开创沩山道场之前,灵祐禅师是百丈寺的典座,专门负责烧饭、做菜给大家吃。

十五岁就出家的灵祐,曾受过律宗的熏陶。二十三岁时,他来到江西大雄峰的百丈寺亲近怀海禅师,跟随老和尚过着自力耕作的农禅生活,厨房里大大小小的事务,便由他负责。

这一天,已近半夜,万物都休眠了。

灵祐巡视厨房一遍,仔细检查洗好的碗盘归位了没,锅子们也都干干净净地摆放在原来的位置，数一数还剩多少蔬菜，可以烧煮第二天的午餐，最后他用水浇熄了炉子上的火，火苗叹了一口气熄灭了。

眼看一切都弄妥当了，灵祐也准备回房睡觉。

这时，老和尚怀海禅师出现了，他顺口问了句："你拨拨看炉子还有火吗？"

灵祐便拿起根木条，拨着炉子上的煤炭："师父，没火了。"

怀海禅师怀疑地又问："是吗？"

他接过灵祐手中的木条，亲自往炉底拨了数下，没想到竟拨出一些残存的余火，怀海禅师看着灵祐说："你说没有，那这是什么？"

被师父责备的灵祐不发一语，突然深有领悟，转而向老和尚叩首礼谢，笑答："师父，我明白了！"

怀海禅师勉励他说："这就是暂时的歧路，一时的迷失。我们每一个人都具有觉性，却像炉火一样，被表面熄灭的木炭（无明烦恼）给遮蔽了。经典说：'欲识佛性义，当观时节因缘。'等到时机一来，自会像迷茫时忽然领悟、

炉子还有火吗？

忘记时忽然忆起一般，一切都知晓了！可是这必须自己去观察、经历，而不能从他人得到。"

已经悟道的灵祐，仍然每天在厨房里忙进忙出，快乐地工作着。

直到有一天，一位司马头陀前来拜见怀海禅师，谈起湖南的沩山是多么灵秀的一座奇山，很适合在那里建造一座大道场。

怀海禅师当场招来所有的弟子，对大家说："谁答对我的问题，谁就可以到沩山当住持。"

他手指着案桌上的净瓶，说："如果这不叫净瓶，那该叫它什么呢？"

这时首座（僧团大众之首）华林觉悟地说："不可以叫它木槌就是了。"瓶子当然不会是木槌，首座这个答案答得也算巧妙。

可是怀海禅师并不满意，他转向典座灵祐："你说说看。"

灵祐什么话也没说，一脚就把净瓶踢倒在地，然后人就跑出去了！

没错!净瓶如果不是净瓶,那摆在案桌上做什么。

怀海禅师笑说:"首座不如典座。"于是便派灵祐到沩山当住持。

灵祐到了沩山后,发现那里根本就是一座杳无人迹的大荒山,一点也不灵、也不秀。不仅山势嵚崎陡峭,而且整座山都被虎狼猿蛇给占据了。谁敢来这里呢?!

可是灵祐不为所困,在他眼中,这里是最完美的自然道场了!既然来了,就安住在森林的蛮荒深处,整日静坐,肚子饿了,就捡拾地上掉落的橡实,当做食物。

就这样几年过去了,另一位大安上座带着几位僧人,一起从百丈寺前来辅佐他,加上陆续而来的山客和村民支持,以及闻人雅士的慕名赞助,终于建起一座规模宏伟的大禅院。

后来灵祐传法给仰山,成为沩仰宗的开宗祖师。

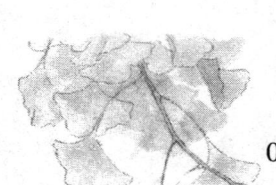

野狐的下场

怀海禅师在江西的大雄峰创立百丈寺已经很多年了，对这里的一草一木，他几乎熟到不能再熟，连周遭哪一只雀鸟栖息在何处，什么时候生了孩子，他皆了如指掌。更别提春夏秋冬，大雄峰山色的递嬗变化、动物的迁徙来去，他都了然于心。

而为了维持好不容易建立起来的自给自足、不依赖供养的禅院生活，他特地写了一部《百丈清规》，制定专属于禅宗的修行和规范，严格遵守"一日不做，一日不食"的原则。不仅让一起修行的弟子们有所根据,并成为往后禅林的依归。

不知道从什么时候开始,每一次怀海禅师上堂说法时,总有一位不知名的老人夹杂在众人之中,坐在禅堂角落,跟着一起听法。

老人既不是怀海的弟子,也不是附近农家的长者,不知从何而来,神秘地出没在禅院中,众人虽感到有点奇怪,但随着时间的推移,也就自然而然、习以为常了。

怀海本人倒没什么特别的反应,也没上前追究来历,一如以往说他该说的法,叮咛他该叮咛的事,好像这个老人在不在都没关系。

这样过去了好长一段时间。有一天,所有的人都离开禅堂后,这位老人却不走,独自留下向老和尚请益。

怀海禅师故意问他:"你是什么人呢?"

老人回答:"我不是人,而是一只野狐。早在久远以前,当迦叶佛还住世时,我就在这座山中修行。当时,学生问我一个问题:'大修行人还会落入因果轮回吗?'我回答:'不落因果。'结果,这句话让我堕入三恶道,连续当

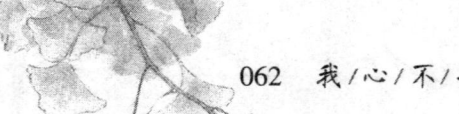

了五百世的野狐，今天特地来请教和尚，为我正解一番，好让我解脱这野狐的身躯。"

怀海禅师大方答应："好啊！没问题！"

老人便问："请问大修行人还会落入因果吗？"

怀海禅师回答："不昧因果。"

也就是：大修行人对因果十分清楚明白，不会被因果给蒙蔽。

佛教强调任何事情的发生都是有缘起的，任何的果都是由因所造成，等到机缘成熟时，果报就会出现，所以说："善恶终有报，不是不报，时机未到。"因果既不会消灭，也不会相互抵消。

而一个大修行人，当修行到一定程度，悟得空性的道理后，不但不会再造恶因，对于任何果报也都会坦然接受，既不图求善报，更不会以修行的结果作为逃避因果循环的手段。

老人听后立刻大悟，再三对怀海禅师作礼答谢："我已经可以脱离狐身了，我的尸体就在山后，还请和尚以超亡僧之礼，度我一程。"说完后，消失禅堂，不见踪影。

怀海禅师把负责寺院事务的维那叫来，要他告诉寺内所有人饭后要送亡僧。

维那将消息传达后，众僧不约而同地疑问着："大家都好好的，没人病逝啊！干什么要送亡僧呢？"

吃完饭后，怀海禅师带领百丈寺的僧侣们，一起来到山后的岩壁，发现一处洞穴。他命弟子用木杖往洞内捞，果然捞出了一具野狐的尸体，随即依照出家僧人的习俗把它埋葬了。

经师父的讲解后，众人才恍然明白这只野狐的来历——没想到只差了一个字，下场就差那么多，甚至让一个大修行人当了五百世的野狐。

一生完美的结语

日本的良宽禅师（1758~1813年）临终前写了一首禅味十足的诗偈：

> 吾何所遗，春日樱花
> 山谷杜鹃，枝头秋叶

这首他告别娑婆世界的和歌："临终逢人间，老僧何所遗世间？春樱杜鹃秋红叶，凡此美景尽皆然"是他一生完美的结语。

那些陪伴过我的山河与大地、日月与星辰；花开与花谢、鸟叫与虫鸣……我遗留下来，也陪伴着你呵！

我所拥有的只是悠闲舒畅、游戏三昧的活着态度。

即使缸里只剩一点点米，炉边只存一两根木薪，在夜雨淅沥的草庵里，我的双脚还是慵懒地、放松地往前一伸，就安稳睡着了！

安稳多难求呵！人们若要烦恼，是无尽的。打一个喷嚏，也可以失眠整晚。

只要在世上一天，春天的樱花、山谷的杜鹃都为我绽放，枝头的秋叶也为我纷纷落下，这就是我最富足的资产，而我也把这所有美丽的风景都遗留给你们。希望你们好好珍惜大自然每一个既短暂、又永恒的片刻。

作为清贫修行的典范，良宽禅师的诗偈展现了对当下生命的喜悦礼赞，在在令人动容。

未出家前的良宽，原为越后（面临日本海）的地主长子。但他为了忠于自己的心，放弃庞大的家产，十八岁时到曹洞宗光照寺参禅，做些"行者"专司的种田、打扫、

砍柴、洗米等杂务工作，他的师父破了和尚用道元禅师的法语勉励他："学佛道，学自己也。学自己，忘自己也。忘自己，证万法也。"

二十二岁时，良宽在圆通寺剃度，忍受着孤独，坐禅修道，终于达到身心脱落的境界，剃度师父国仙和尚特别赐他"大愚"法号。不久，国仙和尚圆寂，良宽禅师便如闲云野鹤一般，四海行脚，成为一名无所罣碍、游戏人间的孩子王。

他的诗如此叙述：

> 无欲一切足，有求万事穷。
> 淡菜可疗饥，衲衣聊缠躬。
> 独住伴麋鹿，高歌和村童。
> 洗耳岩下水，可意岭上松。

就算一大把年纪了，他还是喜欢和孩子们捉迷藏，一起唱歌、一起游戏，纯真如赤子。

四十七岁后，良宽在越后浓密杉林间的一处破落庵房

海阔天空

（五合庵）定居下来，庵内空空荡荡，只有一尊木佛、一张小桌和两本书，以及贴在墙上的诗作。

爱写诗的他，将此时的生活描绘得历历生动：

> 生涯懒立身，腾腾任天真。
> 囊中三升米，炉边一束薪。
> 谁问迷悟迹，何知名利尘。
> 夜雨草庵里，双脚等闲伸。

日子过得虽然贫苦却惬意十足，从不为五斗米而烦恼折腰，今天的饭够吃就好，不管明天如何。连托钵多出来的食物，也是分赠给乞丐和鸟兽、动物，绝不多留半分。心中没有迷与悟，更无名利尘埃，即使下雨天草庵漏水了，也困扰不到良宽，躺下来就舒服地睡着了。

对良宽而言，整个天地都是他的家，他与自然同在，与四季同眠，与万物为友。如此，有了一颗知足常乐的心，处处都自在了。

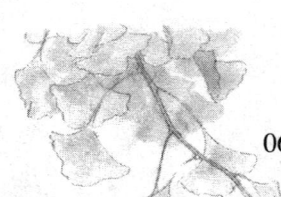

急急忙忙苦追求

风吹过寒石深处，云雾缭绕间，一名衣衫褴褛、头戴桦帽的瘦削老僧，在这空灵无人的山间悠然散着步，很享受这样的无事逍遥，脸上挂着笑。

双脚蹬着一双木屐，跨过清澈的溪涧和磊磊的石堆，偶尔，他低下头来凝视石头上的青苔，一时兴起，还唱起一首诗偈：

海阔天空

> 登陟寒山道，寒山路不穷。
> 谿长石磊磊，涧阔草蒙蒙。
> 苔滑非关雨，松鸣不假风。
> 谁能超世累，共坐白云中。

就这样，一路晃荡到某处岩洞，这便是他天然的居所。走进去后，才躺下来，他便睡着了。沿途掉落的叶片或者墙上岩壁，都刻有他书写过的一首首偈子，记录着他宽广的心灵世界和劝人的觉悟醒语。

这位潇洒不羁的天真奇人，正是隐居在浙江天台山脉寒石山中、唐朝著名的诗僧——寒山子。

寒山约莫是唐天宝年间人，出生于陕西咸阳一带的农家，从小饱读诗书，而且结过婚，还考过功名，甚至也曾想以身报国，到边塞"提剑击匈奴"，只可惜后来当官不成，从此浪迹天涯。

三十岁时，他来到天台山，接受国清寺丰干禅师的点化，并与拾得结为至交，在寒石山的寒岩中一住住了七十

年，活到一百多岁，留下三百多首寒山诗，成为追求自然精神、脱离物质文明的象征。

禅诗：

> 急急忙忙苦追求，寒寒冷冷度春秋；
> 朝朝暮暮营活计，闷闷昏昏白了头。
> 是是非非何日了，烦烦恼恼几时休；
> 明明白白一条路，万万千千不肯休。

这就是最好的写照。

为了名利费尽心神，日夜苦苦追求，甚至现尽百种贪婪模样，搅弄无端烦恼是非，到头来不过是空度寒冷春秋，空白了少年头，什么也没有得到。

所以，寒山劝大家：

> 生前大愚痴，不为今日悟。
> 今日如许贫，总是前生作。

海阔天空

> 今生又不修，来生还如故。
> 两岸各无船，渺渺难济度。

而且"有乐且须乐，时哉不可失"、"寄世是须臾，论钱莫啾唧"。

寒山与拾得交情甚好，当他肚子饿时，在国清寺厨房负责洗碗工作的拾得，就会帮忙把众僧吃剩的饭菜，装在劈开的竹筒中合藏起来，等寒山来时，再交给他食用。

两人天真无邪，总是相偕同游，笑歌自若，在天台山到处玩耍游戏；有时也在廊下经行，有时则喝来骂去，引来国清寺僧人不满，拿起竹杖要赶人，他们却不以为意，呵呵大笑离去。

当时，人们根本看不起他们，以为是两个疯癫的怪人。直到有一天，台州刺史闾丘胤因为丰干禅师为他治愈头痛的毛病，从他那边听说"天台山有寒山文殊菩萨、拾得普贤菩萨"，便亲自登山来到国清寺参访两位大师。

可是，寒山、拾得一听说太守来了，也不多说什么，

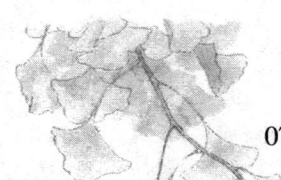

赶紧跑回寒岩躲起来。

闾丘胤派人寻访至寒石山时,偌大的缥缈奇境已不见两人踪迹,只发现寒岩洞内遗留下了数百首诗偈,后来寒山诗集便由此流传开来,人们恍然明白,原来这两位不是一般寻常之辈,而是返璞归真的得道高僧。

海阔天空

 # 忍他让他

天台山的杜鹃花都开了,漫山遍野灿烂着,连神仙都着迷。国清寺的丰干禅师也跟着春天的足迹,四处跑去赏花了!

红色的、白色的杜鹃花,一路从国清寺延伸到赤城,丰干禅师追逐盛开的花朵,玩得好不开心。

就在赤城路旁,一株巨大的杜鹃花丛下站了一个小小孩,睁着一双无辜的眼睛,直盯着翩然而至的丰干禅师。

这是一个迷路的孩子,刚刚还在哭个不停,可一见到

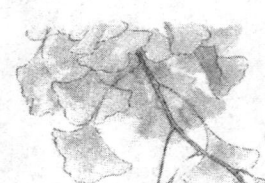

丰干禅师，就不哭了，好像寻着亲人一样，再也不肯让他离开。

丰干禅师只好把这小孩带回国清寺，并给他取了一个名字，叫做"拾得"。

拾得看起来既不聪明也不灵巧，寺内的僧人们对这个不起眼的孩子并不怎么在意，总是吆来喝去，叫他帮忙做些杂事。拾得慢慢长大后，灵熠师父吩咐他负责掌管食堂和香灯的事务。

有一天，供完香灯后，拾得端着一碗盛满饭菜的钵盂，跑到大殿法座上，肆无忌惮地坐下，不但和殿内所有的佛像对盘而食，而且旁若无人地哈哈大笑，还直呼佛像中最先开悟的佛陀弟子憍陈如，只是证得小果的声闻而已。

当他和佛像们"聊"得正开心时，国清寺的僧侣已经拿着扫把来赶人了："你这个没礼貌的家伙，竟敢在庄严的大殿内嚣张放肆。"

拾得被打了，也不喊疼求饶，仍然咯咯笑个不停，众人气得又骂他："真是个野孩子！"

灵熠师父怕拾得又随便跑到大殿乱闹，便免去他原来

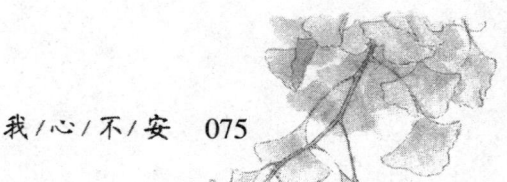

的工作,叫他只待在厨房洗碗就好。拾得每次洗碗前,都会把一些剩饭剩菜装盛在一只预先准备好的竹筒内藏起来,等他的好友寒山来找他时,再偷偷交给他食用。

这两个好朋友不时在国清寺嬉笑怒骂,举止夸张怪异,令众僧摇头不已。一个拾得已经够麻烦了,再来一个疯癫的寒山,真是令人受不了。

面对他人的轻蔑与不屑,寒山和拾得倒是想得很开,寒山曾问拾得:"世人谤我、欺我、辱我、笑我、轻我、贱我、恶我、骗我,如何处治呢?"

拾得回答:"只是忍他、让他、由他、避他、耐他、敬他、不理他、再待几年你且看他。"

有一回,负责烧饭菜的僧人很头疼,因为每次下厨煮出来的饭菜,都会被附近的鸟群飞来啄食而弄得狼藉不堪,真不知如何是好。

这一天,他路过大殿,却看见拾得拿着一根棍杖轻打了护法伽蓝神像两三下,还呵斥说:"你连护食都没办法,怎能护持伽蓝呢?"

僧人并不以为意,心想:"这拾得又在调皮了!"没想

到当天晚上,国清寺所有僧众都梦见伽蓝神前来托梦,告知此事。

隔天,烧饭菜的僧人把煮好的饭菜盛起来,放在桌上,竟然连一只飞鸟都不曾出现。他忍不住告诉旁人这件奇特的事情,众人都说:"是啊!我昨天也梦见伽蓝神了!"大伙才惊觉:原来拾得可不是泛泛之辈,而是一位非常之人。

海阔天空

退步原来是向前

要下雨了!古老的城镇吹起一阵风。

胖胖的布袋和尚,手拿禅杖,背着一只大布袋,穿着一双湿草鞋,在路上急急忙忙地行走。人们一见他这样慌慌张张,便知道豪雨要来了,赶忙收拾农具从田里躲回家中。

布袋和尚的天气预告非常灵验,要是即将干旱,就会见他拖着高脚木屐,伸直膝盖躺在桥上。这时,农民们就要准备储水了。

布袋和尚怪异的行止不仅于此。

有一回,下了好大一场雪,山林和街巷皆融入白茫茫的雪世界。

孩子们躲在家中,看着雪花慢慢从天空飘落;顽皮一点的大孩子,则偷溜到户外打雪仗,玩得好不开心。

忽然,雪地传来惊叫声:"有死人!"

大人、小孩全都从家里跑出来看热闹,只见雪地上躺着一个胖和尚。孩子们一看是他们的好朋友布袋和尚,赶紧用手摇他:"布袋和尚!你醒醒,可别冻死了!"

平常布袋和尚都会从大布袋里倒出许多零食,分给孩子们吃,然后站在一旁乐呵呵地笑着,所以孩子们特别喜欢他,也爱和他一同玩耍。

他的大布袋很神奇,总能藏不少东西,分享给穷人和乞丐。因为每次人家送给他的食物,他都只吃一半,然后把其余的放进袋内,再分给他人享用。

现在布袋和尚躺在雪地里,好像睡死了一样,奇怪的是身上竟没有任何的雪印,还一副睡得很熟、很舒服的样子。

海阔天空

被孩子们摇着摇着,布袋和尚终于睁开眼睛,发现这么多人围着他:"我昨晚太累了!只好睡在地上,吵到你们了吗?"

现场所有的人皆讶然无语,布袋和尚在雪地里待了一整夜,竟然一点都没事。

接着布袋和尚起身,拍落身上的雪花,向大家告别:"好啦!我要去化缘了,后会有期。"说完便背起他的大布袋,又前往社会的各个角落行慈化世去了。

春天时,附近一处农家赶插秧,却人手不足,布袋和尚自告奋勇去帮忙。

顶着灼热的大日头,布袋和尚并不喊累,插完秧后,接受了农夫的供养。布袋和尚特地为他开示一首偈子:

> 手把青秧插满田,低头便见水中天;
> 六根清净方为道,退步原来是向前。

这首诗道尽为人处世应有的态度——农夫将一株株青色秧苗插满田间,低头插秧时,看见田中水面倒映的天空,

为人若是谦虚柔软,能够低下头来,自然拥有一片海阔天空;而当我们眼耳鼻舌身意六根清净,不随外境起舞,不受外界物欲引诱,便是契入真正的道;在插秧时必须一步步退后,才能把秧苗插好,意味着凡事肯退让一步,表面上看起来虽然吃亏,事实上却是进一步向前。

有位福建的陈居士曾问布袋和尚的法号为何,布袋和尚回答:"我有一布袋,虚空无罣碍;打开遍十方,入时观自在。"

又问他的行李呢?布袋和尚又说:"一钵千家饭,孤身万里游;青目睹人少,问路白云头。"

布袋和尚圆寂后,他留下一首佛偈:

> 弥勒真弥勒,化身千百亿;
> 时时示世人,世人俱不识。

众人才明白这位大肚能容天下事的布袋和尚,原来就是弥勒菩萨的化身。

海阔天空

赵州那天不起床迎接赵王,是自己不够谦虚,故作姿态,不懂得待客之道,哪是什么洒脱的禅意?又如何能比上我所展现的无量之相。

我跑来山门迎接你,并非落入俗套,而是有更高妙的意境,你不要以为我真的起床了,事实上整个大千世界尽虚空、遍法界,都是我的禅床,我仍是躺在广大的床上接见你呢!而你只看得到肉眼的床,却未见识到无限的禅床。

调侃不到佛印的苏东坡,只好尴尬地一笑,随着来接他的佛印,步入禅寺喝茶去了。

虽然这是则诙谐的禅宗插曲,但从佛印的诗偈中,也让我们领略到,永远要保持心中的超然高度,随处自在,不要忘记我们一直身在广阔的禅床中,就算落入世俗,也可以不被世俗的人情事物给困住,拥有无量的胸襟,即能超越这一切。

本来面目

道无其他,就像云飘浮在天空,
水盛装在瓶中一样地自然,
心若能返朴归真,即能见到事物本来的面貌,
这就是真理之道了!

不思善不思恶

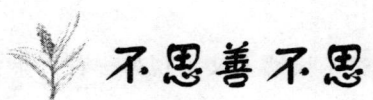

原是岭南樵夫的惠能,因为卖柴时,无意间在客栈外听人诵读《金刚经》而得到启发,便不辞辛苦,远从广东新州千里跋涉来到湖北黄梅县的东禅寺,参拜禅宗五祖弘忍。

后来他被留在养马的小屋每日舂米。

八个月后,为了选出新的接班人,五祖弘忍命所有门人各写一首诗偈,谁能悟出般若大意,就付他衣法,成为禅宗第六代祖师。

本来面目

神秀上座在走廊墙上写了一首:

> 身是菩提树,心如明镜台;
> 时时勤拂拭,勿使惹尘埃。

众人都叫好时,过两天墙上又出现另一首偈子:

> 菩提本无树,明镜亦非台;
> 本来无一物,何处惹尘埃。

原来是不识字的惠能请童子帮忙写上的,寺内僧侣们一见哗然,心想这首偈子明显要比神秀的那首更加"明心见性",可人类的劣根性就是嫉妒心强烈,尤其惠能这其貌不扬的南方蛮子,怎能跟勤修多年的神秀相比呢?

为了避免寺内争议,五祖弘忍表面不动声色,半夜却偷偷传法和衣钵给惠能,并为他开示《金刚经》大意。当听到"应无所住而生其心"时,惠能已大悟"一切万法不离自性"。

三更受法后，惠能听从五祖弘忍的吩咐，速速离开此地，因为怕有人为了抢取衣钵而要伤害惠能。五祖弘忍还特地驾着小舟，亲自送他一程。

师徒俩告别后，惠能快步往南前行，走了两个多月来到大庾岭。这时，数百位夺衣钵的僧人也循踪而至。

其中有一个僧人惠明，俗姓为陈，出家前是一位将军，性情鲁莽粗犷，他一路快马加鞭、极力搜寻，就在众人未抵达之前，已经抢先一步发现惠能。

惠能也不慌张，索性把衣钵放在石上说："这衣钵是法信的代表，可以用武力争夺吗？"然后隐身在一旁的草丛中。

惠明赶到时，只看见石上的衣钵，却不见惠能的身影。

他伸手要拿衣钵，没想到竟然拿不起来。惠明知道这一切已有定数，不可勉强，惠能确实是六祖人选，否则凭他的大力气，怎会拿不动一件轻轻的衣钵？

惠明四下唤道："行者！您在哪儿？请出来吧！我是为了法来，而不是为了衣来。"

惠能从草丛出来，盘腿坐在石上。惠明向他跪下顶礼：

本来面目

"愿行者为我说法。"

惠能回答:"不思善,不思恶,正是这么样的时候,那个就是你本来的面目。"

也就是遇见各种外境时,不去辨别什么是好,什么是不好,只是知道了;甚至心中的妄念生起时,也不去评断什么是好,什么是不好,一样是知道了。

保持中立,持续观察,放下批判,不再造作,让心处于一种平衡的能量状态。

惠明当下明白,又问:"除了历代祖师所传的密语密意之外,还有其他的密意吗?"

惠能笑说:"如果跟你说,就不是秘密了!你若是由这不执着的智慧,返照观察,密意就在你身边了。"

惠明叩首答谢,并拜惠能为师:"今天承蒙指示,如人饮水,冷暖自知。现在行者就是我的师父了!"

惠明欢喜离去,依惠能之命转往江西弘法,而惠能也南下曹溪,潜藏在猎人队伍当中长达十五年之久,直到时机成熟,才出山弘扬南禅顿悟佛法。

一滴水的力量

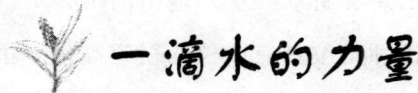

一滴水能做什么呢?

在生活中,一滴水往往容易被忽略,人们心想:"这有什么,不过就是一滴水吧!"

但是,有个和尚却从一滴水开悟了,明白了一滴水所隐藏的生命奥秘。

枫叶一层层铺叠在日本京都古城,从小丧失亲人、九岁时就到龙胜寺出家的小和尚,转眼已经十九岁了。

眼看着一片片飘落的枫叶随风翻滚着,他心想:"我

本来面目

也应该外出游学才是!"

寺方这边并不同意,有个老信徒却支持他:"我来帮你出草鞋的钱,希望你以后能学有所成,当上一个大和尚,再坐轿子回来。"

小和尚就这么穿着新草鞋欢喜地出门了,听说冈山曹源寺的住持仪山禅师是位具有威仪的得道高僧,虽然教风十分严厉,却吸引无数学僧前往参学。

没想到小和尚一去,就先吃了闭门羹,因为曹源寺不随便接受外来的学僧。

小和尚不灰心,待在寺门外一个多星期,不管雨晴或饥寒,就是不肯离开。

终于,仪山禅师点头,愿意接见他,还让他留下来,担任一些杂务工作。

有一天,仪山禅师要洗澡,因为水太烫了,便叫小和尚提一桶冷水来降水温。

小和尚把冷水倒进澡盆后,见水温差不多了,便顺手将桶内仅剩的一点点水泼在地面。

仪山禅师一看,呵斥他说:"你怎么这么浪费呢!就

一滴水的力量

这样把水给倒了,一点都不懂得惜福。"

小和尚怯怯地回答:"我想说就剩几滴水而已。"

仪山禅师又教训道:"这世界上每一件事物都有它们的价值,尽管用处不同,却都具有相同的佛性。别小看一滴水,这一滴水给树,树也很开心;给草,草也很欢喜。即使一滴水也有它无上的价值啊!"

小和尚一听,恍然大悟:"原来一滴水可以汇成海洋,也可以包容虚空。如果连一滴水都能珍惜的话,那还有什么是不能包容的呢?"

为了让自己的心与滴水合而为一,并时刻谨记"包容有情、珍爱万物"的自然法则,从此小和尚便为自己取名为"滴水"。

一日天气转凉,滴水和尚淌着鼻水,一时间找不到草纸,便拿桌上的白纸擦鼻涕,没想到又惹得仪山禅师一顿骂:"你的鼻子是特别尊贵吗?还得用这种得之不易的白纸来擤喔!"

滴水和尚知道自己错了,赶忙把擤过的白纸收好,以便下次再用另一面,也更加提醒自己,任何东西一定要善

加利用，绝对不可轻易浪费。

虽然这看来不过是生活中微不足道的小事，如果能从身边的小事开始做起，养成节约的习惯，处处环保，不仅是修行之道，更能减轻日益严重的生态污染及地球暖化问题。

你希望以后生活在什么样的世界，你现在就要培养那样的生活态度。

后来，滴水和尚果然成为一名大禅师，在他四十八岁时坐着轿子，荣归故里，尔后又振兴了天龙寺。而这一切，都来自于他的刻苦耐劳与俭朴爱惜的精神。

滴水和尚在弘法传道时，有人问他："世上什么功德最大？"

滴水和尚回答："滴水。"

那人又问："虚空包容万物，那什么可以包容虚空呢？"

滴水和尚还是回答："滴水。"

一滴水也有无限的力量。

活得太累

活得太累

你累了吗？

这一句经典的广告台词，可说是每一个人的生活告白。

我们每个人心中都有一把尺，不停地丈量自己和别人：生活应该是怎样才算美好；日子要怎么过才叫快乐……

不管是看待人事物的观点，或是面对事情的反应，甚至对于存在的意义和价值，我们都有强大的"定见"。

如果没有达到自己以为的标准，谴责与抱怨的声音就会像纷飞的雪花一样，滚成巨大的雪球。

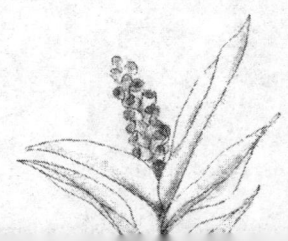

仔细想想，这些定见又从何而来呢？

"要达到什么"总让我们不时地偏头痛，但我们往往不肯放手。

究竟我们是好好地活在每一个片刻，还是一直活在头脑的定见中呢？

日本明治时期有位著名的坦山禅师，他有一则有趣的禅宗公案，流传至今。

有一天，下了好大一场雨，原本一湾浅浅的小溪忽然水位高涨，漫延成湍急的河流。坦山禅师和另一位和尚相偕同行，正待过河到对岸的寺院参访。

这时，河边出现一位美丽的女子，来回徘徊，脸上露出为难的神情，看见这两位出家人，欲言又止。

坦山禅师便问她："有什么事吗？"

美丽的女子回答："我家住在对面，现在溪水涨了，我怕过不了河，被水冲走。"

坦山禅师大方地说："没关系！我来背你。"

说完，将女子背了起来，慢慢渡过溪河。

跟在后面的同修却满脸愠色，心底老大不高兴：

活 得 太 累

"这坦山是怎么回事？不懂得男女授受不亲的道理吗？何况我们是出家人，对女色更是避之唯恐不及了，怎能轻易犯戒呢！"

坦山禅师背着女子过了河，对方向他道谢告别后，他和道友又继续未完的行程。可一路上这道友却不再和他说话，对他的态度也转为冷淡，举止充满着不屑的轻视。

原本道友也想好好地质问坦山一番，可是好几次想开口，却硬生生又把话吞回去，就这样憋了好几天，看坦山还一副不以为意、游山玩水的开心样子，简直快气炸了。

这天傍晚终于抵达了寺院，坦山开口对同修说："你这几天为什么一直闷闷不乐呢？"

同修看机会来了，狠狠地修理了坦山一顿："你这是什么和尚，简直败坏佛门的风气，出家人不近女色，你却背了一个女人过河，真是居心何在！"

只见坦山呵呵地笑着，一点也不以为忤："原来是这么回事，那名女子我背过河之后就把她放下了，你到现在还背着不放，可真把你给累坏了！"

同修一听恍然大悟，赶紧向坦山道歉，也为自己狭小

的偏见感到惭愧。

佛教的戒律是为了维护修行者清净纯洁的心性,并非刻板的教条,只求表面形式化地遵守。而且,佛教的终极目标是离苦得乐的解脱,而不是成为一个假面的道德家,处处苛责他人。

一如禅,是一种随遇而安的自在与放松。

心中无事,不去罣碍好与坏,自然拥有宽广辽阔的世界。

从另一个角度来说,美丽的女子就像世间任何美好的事物,过了时间之河,也就可以把它们统统放下了!没有追求美好的包袱,是不是也活得比较容易一些呢?

保持纯洁的心

 ## 保持纯洁的心

山间禅寺的钟声,悠悠渺渺,传至远方的空谷。

洁净的院内,弥漫着一缕薰香,飘送到殿中慈目凝视众生的寂然古佛。

人们一到这里,心就不动了,所有的情绪都停止了,连石阶上的青苔也透露出格外宁谧的气息。

这个女人也是这样子的,她喜欢来这座禅寺,感受这种露水一般清凉的安静,没有世俗的扰攘和人间的纷乱,心底充满着欢喜。

本来面目

每天清早,这位虔诚的女居士,都会在家中花园摘取晨间初开的鲜花,整理成束,送到寺院供佛。然后,跪拜在大殿佛像前,殷勤地礼佛、祈祷,平息内心一阵阵不安的骚动。

这一天,她一如往常,带着一束鲜花来到佛殿,正好遇到禅寺的住持无德禅师。

无德禅师慈蔼地对她说:"经典上说,常以香花供佛者,来世当得庄严相好的容貌,你如此虔心供佛,真是功德无量啊!"

女居士欣然回答:"来世的功德不敢期盼,现在供佛就让我得利益了!我每天来此礼佛时,心灵仿佛被露水净化,自然而然地平静下来,可是一回到家,就像投入火宅似的,忍不住就被丈夫、孩子和家里的一些繁杂事务给弄得心烦意乱,无明的瞋火也会不自觉上扬。要在尘嚣人群中保持一颗纯洁的心,还真是不容易啊!心总是很容易就被感染、污浊了!"

无德禅师露出理解的神情,回问女居士:"这些花都是你亲手栽种的吗?"

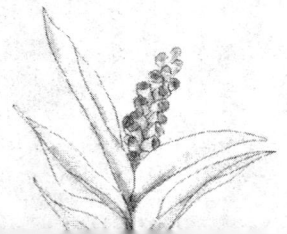

保持纯洁的心

女居士点头:"是的。我家后院有一片花园。"

无德禅师又问:"既然如此,你一定知道一些花草常识,请你告诉我,要如何让花朵保持新鲜,不易凋零呢?"

女居士回答:"最好的方式是要用爱心去善待它,每天勤于换水,不时要把泡在水底腐烂的枝节修剪一些,这样就可以维持比较长久的花期。"

无德禅师笑说:"你说得太好了!要用爱心去善待,保持纯洁的心也是要用爱啊!而且这个爱,是宽容一切的爱,是无私的爱和谅解的爱。我们的环境就像花瓶里的水,我们的心就是花朵本身,当花朵的枝节和水接触被染着时,就需要不断去修剪,把不好的念头、习性和负面的情绪统统剪掉,如此才能净化我们的心。"

女居士一听,赶忙向无德禅师恭敬顶礼:"感谢师父的教诲,希望以后有机会能来寺院生活,亲近师父,聆听梵呗唱诵之声与暮鼓晨钟的宁静,证得无上菩提。"

无德禅师却说:"宁静就在你的身边,不曾远离过。你的身体就是庙宇,你的呼吸就是梵唱,你的心跳就是暮鼓晨钟,而双耳所听到的就是菩提之声,何必要来寺院生

本来面目

活才能得道呢?"

说完,女居士颇有所悟,欢喜离去。

世外的出家修行艰难,但世俗的在家修行也不容易,因为所受到的外界环境诱惑和社会流俗习气的污染,可以说是非常地强大。

要使心如如不动,禅定修行之外,密护根门也是很重要的。

密护根门并非完全地不看、不听、不说、不接触,而是随时觉知自己的起心动念,净除烦恼无明,才是根本之道。

除此,保持一颗纯洁的心,还要有宽阔的胸襟和无私的爱去包容所有、付出奉献,这样才能得到最真实的宁静。

 真正的快乐

我们穷极一世，都在寻找真正的快乐。

究竟什么是真正的快乐？

是无忧的生活、丰足的财富、健康的身体、自我的实践、异域的旅行、真爱的寻获？还是晨饮一口清新香茶，午看空中几朵白云闲逛，夜观满天星辰闪烁呢？

有一天，三位在家居士跑去禅寺，请教无德禅师一个问题："禅师，我们做人有好多的烦恼，活着有好多的痛

苦,要怎样才能得到快乐呢?"

无德禅师笑了笑,反问:"那我问你们,你活着是为了什么呢?是什么理由让你们继续活下去?"

第一位居士说:"因为不想死,所以才活着啊。谁愿意死呢?每一个人都不愿意死,只好选择活下去。"

第二位居士回答:"我活下去的理由,是为了赚取更多的财富,让我和家人以及后代子孙都能过着衣食无缺、幸福美满的生活,这就是我活着的动力。"

第三位居士的答案是:"我的家庭责任很重大,不得不活下去。我上有双亲,下有子女,全靠我一个人养家糊口,所以我必须要好好活着。"

无德禅师听后,点头表示赞同,继而又问他们:"可是活得再久,死亡还是会到来;钱财赚得再多,总有用尽的时候;而父母和子女有一天也终会和你分离。从古至今,这些无常的经历,哪一个人不是这样过来的呢?假如你们要抓取这些快乐,就算暂时得到了满足,可到头来还是会落空的,如果快乐会落空,那就不是真正的快乐。"

经师父这么一说,三位居士异口同声地说:"师父,

真正的快乐

那什么是真正的快乐?"

无德禅师父提出另一个问题,让他们思考:"我讲的快乐,不见得是你们认为的快乐。请你们好好再想想,撇开责任不说,什么事情可以让你们快乐呢?"

第一位居士回答:"爱情!"

第二位居士选择:"财富!"

第三位居士则是:"名位!"

"嗯!很好。"无德禅师慢条斯理地分析说,"关于爱情,俗话说,'爱恨相随,有爱就有恨。'很多夫妻往往为了一点点小事,彼此反目成仇,由爱生恨,造成莫大的遗憾。想从爱中得到真正的快乐,就要把男女的小爱扩大为慈悲的大爱,用慈悲心来对待周围的每一个人、每一个动物,乃至整个大自然,无私地奉献付出,这才是真正的爱的快乐。"

无德禅师接着说:"至于财富呢,是五家共有,也就是无情的水灾和火灾,勒索抢劫的盗贼、败光家产的不肖儿子,加上一个非要你行贿不可的贪污官吏。这五家,随便哪一家都会把你从天堂打入地狱。既然如此,想从财富

本来面目

中得到真正的快乐,就要学习善用财富,将钱财用来行善布施,扶穷济贫,这样所得到的清净功德最是快乐。

"最后是名位,当你成名后,虽然带来了权势和荣耀,可是相对地,你也失去了自由,一举一动都要被人用放大镜来检视,而且你的名声往往容易遭人利用,引来无端是非,一旦失去了名位,更是无人理会,甚至被人瞧不起。想从名位中得到真正的快乐,就要发心当一名菩萨,运用名位号召他人成就善业,利益一切有情众生,这样所有的人都会更加拥护你。"

经过无德禅师的开示后,这三位居士终于明白什么是真正的快乐。

一位喜马拉雅山的印度圣哲曾说过一段话:"不管在哪里,都要快乐地生活着,就算身处困境也要泰然处之,因为快乐是自己创造出来的。"

真正的快乐就在自己的心里。

水 满 了

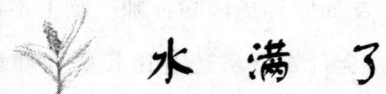
水 满 了

日本明治时期，有一位非常有学问的大学者。

这位大学者博学多闻，对于世间的任何知识，几乎无所不知。也因此养成他自以为高人一等的傲慢态度，戴着一顶高高在上的自我的帽子，什么人他都不放在眼里，骄慢到令人讨厌的程度。

有一天，一位友人来见他，聊着聊着，不小心当着他的面，大力歌颂起南隐禅师的学识和证量："这位南隐禅师应该是全日本最懂禅理的大师了！他对于佛学不但融会

本来面目

贯通，而且还亲自验证，修行工夫十分了得，是一位真正的得道高僧。"

这位大学者最气别人在他面前说谁谁有多好，在他看来，全世界唯一值得赞美的人就是他自己而已。

所以，他一听朋友如此称扬南隐禅师，嘴上不说什么，心底却很不舒服："全日本竟然还有比我更懂佛学的人，这么说，简直是侮辱我嘛！"

不服气的他，打听出南隐禅师驻锡的禅寺，随即出发去拜访南隐禅师。

表面说是前往讨教，实际上是要和禅师较量高下，好突显自己的优越感——若是能辩赢这位大师，那自己不就是大师中的大师吗？

为了表现自己，整个夏天，大学者都在赶路。他跋涉了千山万水，终于在天气微凉的晚夏时节，抵达了南隐禅师居住的寺院。

也不打揖，也不问讯，劈头就没礼貌地向南隐禅师说："听说你的佛学造诣很高，请你说来听听。"

南隐禅师不搭腔，只堆起满脸的笑容，谦逊地朝他双

水 满 了

手合十，还请他到禅房内就座，亲自烧水泡茶请他喝。如此恭敬地以礼相待，让这位大学者更加自满。

"这水是山中最洁净的泉水，茶是今年最好的春茶。"南隐禅师边说，边把喝茶的茶杯放在大学者面前，举起手中的茶壶为他倒茶。

没想到南隐禅师一直倒茶，动作未停，眼看茶杯里的茶水都溢出来了，流得桌面满满一摊水，禅师却视而不见地继续倒着。

大学者赶紧举手，要禅师停止再倒："师父，好了好了！水已经满了，杯子装不下，别再倒了。"

南隐禅师把茶壶收回，笑着对大学者说："是呀！水满了，杯子就装不下了。你要来向我参学，却不肯把心里装满水的杯子空掉，如何能装得了其他东西呢？你的心就像这只装满水的杯子一样，充满着骄慢和自负，又怎么听得进别人说的话？！"

大学者听后心生惭愧，赶紧向南隐禅师顶礼跪下，从此再也不敢轻视他人。

一个人若是一直想着自己是多么了不起，把焦点放在

本来面目

别人的缺点上，只会养成爱比较、责怪或抱怨他人的坏习惯。这么做时，你只会伤害你自己。

相反，如果待人处事谦冲以对，做一个虚怀若谷的人，处处退让一步，每天一早醒来，感恩大地、感谢众人、感激命运，自然而然这个善的循环都会回到你自己的身上。

一只手一直抓着自己的执着，就不会有新的生命能量流进来。

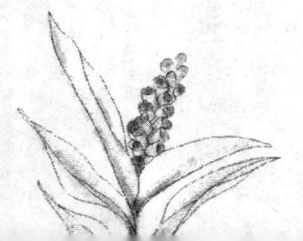

工作的意义

 工作的意义

许多人对自己的工作总有一些迷思,也喜欢抱怨工作带来的不快。

比如:工作久了,会陷入某种难以突破的低潮期;或者,讨厌工作中要面对的一些问题。

不管做得开不开心,每一个工作都是珍贵的试炼所,想从工作中获得真正的成就,就必须找出隐藏在背后的意义。

这一天,南隐禅师才送走骄傲的大学者,又来了另一

本来面目

名年轻医生向他求教。

这位年轻的医生虽然医术十分高明,从鬼门关救了不少病人回来,可是仍有许多病人不幸死去。

因为经常面对死亡之故,使他的内心也生起害怕死亡的阴影,可是他的工作却无法让他逃离这个恐惧。以致原本以当医生为使命的他,开始怀疑起自己工作的意义。

有一回,他到乡下出诊的途中,遇见一位四处云游的云水僧,不禁羡慕起他的自由自在,仿佛天上一朵云,任意逍遥。便说:"师父,你真是无所羁绊哪!不像我总有死亡的恐惧。"

云水僧回答:"那就去习禅啊!"

医生进而又问:"禅,是什么呢?"

云水僧摇头:"我也不知道怎么说,不过可以确定的是,你习禅以后,就不会再怕死了。"

医生听后,眼睛一亮:"太好了!请问我去哪里习禅呢?"

云水僧指引他:"你可以去找南隐禅师。"

于是,年轻医生来到南隐禅师的寺院,顺便带了一把

工作的意义

匕首在身上,想试探一下禅师是不是真的不怕死。

南隐禅师一见到他,就像遇见老朋友般友善地说:"久违了!朋友,近来如何?"

年轻医生很纳闷:"我们两人初次见面,您怎么说久违了呢?"

南隐禅师理所当然地答道:"你不是来习禅的吗?既然是来习禅,不就是同道的朋友!"

医生当下便知晓南隐禅师的修行工夫,也不必再考验对方,直接向南隐禅师请求开示:"师父,我要习禅,请您教教我。"

南隐禅师却说:"你要习禅,那就回去好好当一个医生,尽心尽力善待每一位病人,这就是禅。"

对年轻医生来说,这个答案根本就是他的问题所在,当医生就得面对死亡,而他又那么害怕死亡。

他满腹狐疑地回到诊所,尔后,忍不住疑惑,又跑去找南隐禅师好几次,每次都被南隐禅师赶回去:"身为一个医生,医院就是你的道场,你不要在寺院浪费时光,赶紧回去照顾病人才是正事。"

本来面目

到了第四次求见南隐禅师时,年轻医生终于愤愤不平地说:"我是因为有位云水僧告诉我,学禅后就不会怕死了,所以才来找您。可是您每次都叫我回去好好照顾病人,如果这就是禅的话,那我以后就不来麻烦您了!"

南隐禅师大笑:"好吧!我之前对你太严厉了,现在我给你一个赵州禅师的'无'字公案,你回去参参看。"

年轻医生领了这个"无"字,回去认真苦参了两年,终有一点领会,又跑来找南隐禅师,可南隐禅师并不认同:"还没进入禅境。"

他并不灰心,更加专心地穷究其中。一年半后,整个人的心境已豁然开朗、澄明清澈,从忘我到无我、从有生到无生,既然无生,也就无死了。

他原有的难题早已消失,不仅了脱生死的忧虑,对待病人更是从"有心"到"无心"的境界,不再计较结果,只求当下的付出,他再度寻回自己工作的意义。

这时,他又去见南隐禅师,南隐禅师只笑而不语。

任他荣枯

 **任他荣枯**

药山惟俨是石头希迁的弟子,继承了石头禅的风格,没事喜欢整日闲坐。

这一天,如同过去的任何一天一样,他在禅寺洁雅的院落长廊阶上静坐了一个上午,旁边也坐着他的两个徒弟——道吾圆智和云岩昙晟。

这一对师兄弟虽然年纪差了十一岁,个性也截然不同,年纪较大的道吾活泼爽朗,云岩则是沉默寂然,但两人的情谊却十分亲密,并不因此而受影响,反而在修行的道路

本来面目

上一直互相打气、彼此勉励。

在这样静幽深林的春日里，两人一起陪着师父打坐禅修，可说是人间最大的幸福了！一点也不觉得时间倏忽流逝，直到午时的阳光射入眼帘，才终于结束了这场静坐。

药山禅师看着院内有两棵比邻的树，一棵长得枝叶繁茂、一派欣欣向荣的姿态，另一棵树叶都掉光、即将凋萎枯死的模样，忽有所感，指着它们先对道吾说："那两棵树哪一棵好？是荣的好呢，还是枯的好？"

道吾不假思索地说："荣的好。"这答案正与道吾的灿烂宗风相应和。

药山禅师又问云岩："你说说看，荣的好还是枯的好？"

云岩缓缓地回道："枯的好。"云岩的回答也吻合了他的寂寂禅道。

药山禅师当然知道这两位弟子一定会有这样的选择，还没来得及评论，这时有位来寺挂单的高姓沙弥刚好经过。

这沙弥虽然只是个沙弥，却来头不小，药山禅师便问高沙弥同样的问题："你来得正好，你说这两棵树是荣的

任他荣枯

好还是枯的好？"

高沙弥瞧了一瞧树，笑笑地回答："荣的任他荣，枯的任他枯。"

意思是荣枯自有时，凡事要顺其自然，顺应了自然，一切就都是好的，并无分别。

正如人在顺境时，要将每一刻活得更加圆满充实；逆境时，更要学会安住与从容，静下心来，观察一切，等待另一个时机的到来。

不管荣或枯，人们要克服的最大障碍，并非任何外境的变化，而是自己的心魔。

荣与枯，就像海洋的潮浪般此起彼伏，可是在阵阵涛浪底下的深海之处却是一片宁静平和，小丑鱼自在穿梭于珊瑚礁，没有一丝无来由的焦虑或者不知要逃到哪里才算安稳的问题。

时时刻刻，在在处处，与四时的大地万物、与当下的存在连接，扩大自己对生命的视野，即能跨越自我的设限。

当然，道吾和云岩对于荣和枯的喜好，是以他们各自学禅的风格而论，和高沙弥超越世相的智慧是不同的，后

本来面目

来宋代的草堂禅师针对这一则公案,特地题写了一首诗偈:

云岩寂寂无窠臼,灿烂道风是道吾;
深信高禅知此意,闲行闲坐任荣枯。

意即:云岩寂静无为不落窠臼,道吾灿烂道风光芒耀眼,而高沙弥深知此禅意,任他荣与枯,只管悠闲而行、悠闲而坐。

不久,高沙弥又被药山禅师再考一试:"见说长安甚闹?"

听说长安非常热闹,其实是问他:人的心念就像熙熙攘攘的长安城一样,嘈杂热闹。

高沙弥回答:"我国晏然。"我的心中可是一片太平啊!

而且这个太平盛世不是来自读经,也不是向师父请益,而是自己一颗了了分明、愿意承担一切的心。

云在青天水在瓶

云在青天水在瓶

药山惟俨的风趣，是出了名的。

不管一个禅师可以证得多么高妙的境界，能够随时保持一颗放松的心，遇事不扰，经常笑口常开，就是最大的修行了。

有一晚，乌云密布，遮蔽了天上的星星和月亮，药山惟俨登山经行，来到山顶时，忽然看见云层整个都开了，现出一轮皎洁的明月。

药山惟俨开心地哈哈大笑一声，声音竟然传遍了澧阳

本来面目

东九十多里处,连周遭的居民都听见他那爽朗、具有感染力的笑声,跟着开怀起来,忘却了忧恼。

他的俗家弟子李翱听说了这件事,特地写了一首诗相赠:

> 选得幽居惬野情,终年无送亦无迎;
> 有时直上孤峰顶,月下披云笑一声。

意思是:惟俨禅师选得了药山的这座世外幽居,惬意地享受山野的趣味,整年里既不迎往送来,也不应付世俗的人际关系;有时直接登上了孤峰山顶,对着云开的月色大笑一声。

虽然幽默,可惟俨禅师一点也不啰唆,在接引学人时,往往只用一句话,就直接道破禅法,朗州刺史李翱就是这样被惟俨禅师感化的。

一开始,李翱是不懂佛法的,只听说药山惟俨是个很有修行的禅师,便心生向往,几次邀请他下山讲禅论道,可老人家就是不肯,不得已只好亲自跑一趟,上山拜见禅

师。

李翱身为地方太守当然还是有一些官气,好不容易淌着大汗来到山间的禅院,却见身形如鹤的老禅师,自顾在树下读着经书,完全不理会他的存在,心底就有一股隐隐的骄忿。

一旁的侍者赶紧提醒:"师父,太守来见您了。"

惟俨禅师却一副没听见的样子,还是照读他的经书,一点也不为之所动。气得急性子的李翱怒喝道:"你这禅师,真是所谓耳之所听,不如眼之所见,见面不如闻名。"当场就要走人。

这时惟俨禅师抬起头,对着李翱笑了一笑,说:"太守啊!你为什么只看重你的耳朵,而看轻你的眼睛呢?"

李翱一听,知道老禅师真有两下,马上按捺住脾气,低头向药山惟俨请教:"师父,如何是道?"

惟俨禅师回答:

"高高山顶立,深深海底行。"

李翱有听没有懂,再三追问,惟俨禅师用手指上下比划,问他:"会吗?"

李翱不知其意,摇头道:"不会。"

惟俨禅师说了一句:

"云在青天水在瓶。"

这下李翱终于明白了,道无其他,就像云飘浮在天空,水盛装在瓶中一样的自然,事物本来的面貌即是如此,不要用头脑想太多,否则反而衍生更多不必要的烦恼,心若能返璞归真,回到"云在青天水在瓶"的单纯境界,就是真理之道了!

欣喜的李翱恭敬地向惟俨禅师答谢,对这次的拜访,顺诵了一首诗偈:

练得身形似鹤形,千株松下两函经;
我来问道无余说,云在青天水在瓶。

意即赞叹药山惟俨的修炼已达到松鹤般的清高境界,在千株松树之下展读经书,我(李翱)来问道,不多说余话,只此一句"云在青天水在瓶",就让人豁然见道了。

烦恼不起

我们总在寻找生命的解脱之道,
但究竟是什么绑住了我们?
其实没有任何东西绑住你,
只要静下来,慢下来,享受这一刻,你就回家了!

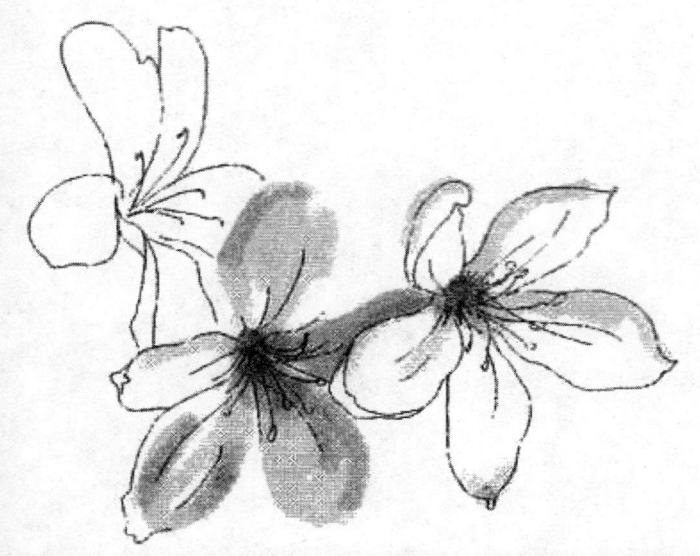

人生的十字路口

 人生的十字路口

很多时候,我们站在人生的十字路口,对未来不知如何抉择。是该往这个目标前去,或是另一个方向才是正确的道路?

一个向左或向右的决定,就像一把开启光明与黑暗的重要钥匙,操控了整个未来和命运,万一决定错误,后悔怨叹全都来不及,只能随遇而安了。

遥远的从前,通往长安城的汉南道上,有两位温文儒

雅的唐朝书生，他们也来到人生的十字路口——那是一间茶馆。

这两名出身书香世家的年轻人，一个名叫丹霞，另一个叫做庞蕴，他们正准备赴京赶考，求取一世的功名和一张人们以为能通往灿烂未来的入场券。

经过十几天马不停蹄地奔波赶路，他们走得也累了，忽见前方飞沙弥漫的十字路口转角有一间小茶馆，便决定前往歇歇脚，休息一会儿。

在进门前，丹霞还兴高采烈地对庞蕴说："昨晚我梦见了一道白光，这可是个好预兆，表示我们的前途一片光明。"庞蕴笑而不语。

茶馆内，一位路过的云水僧也坐在邻桌喝茶，瞧他们风尘仆仆的样子，好奇地问："两位施主要去哪里？"

丹霞回答："到京城考试，看能不能被选上当官。"

云水僧忽然摇头："当官？真可惜！"

两人对僧人的反应感到奇怪，从政当官可说是当时最热门的仕途，全中国最优秀的人才无不挤破脑壳，想挤进这道结合了权力和富贵的窄门，从此飞黄腾达、光宗耀祖，

哪有人会觉得"可惜"呢？

"难道这世界上有比当官更好的差事？"丹霞疑惑地问。

云水僧理所当然地说："没错，当官不如做佛。"

庞蕴和丹霞同时应道："做佛？"

云水僧点头："是啊！做佛当然比做官好，做佛可以得到开悟，求取心灵的解脱；做官则被名利给束缚，失去了自由，更何况官场争斗不亚于一场战争，而名利的欲望无穷，没有满足的一天。"

庞蕴的家世显赫，世代为儒，但他从小就对生命的实相很感兴趣，而丹霞也是很有慧根的人。两人一听僧人如此说，便又问："去哪儿做佛呢？"

云水僧指示说："江西或湖南。"

云水僧离开了茶馆之后，留下这两个彷徨的年轻人，两人你看着我、我看着你。

"那我们还要去京城应试吗？"丹霞问。

庞蕴回问："你不是梦见一道白光吗？那就是不管如何抉择，前程都会是一片光明，既然如此，何不选择我们真正想走的路。"

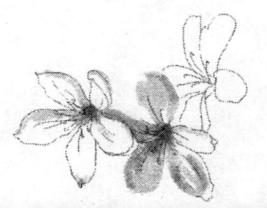

烦恼不起

丹霞点点头,明白了哪一条路才是自己的道途,在这个人生的十字路口,两个人转了一个弯,选择了另一个方向,不去长安应试,而是游走江湖。

他们先去拜见了湖南的石头希迁,丹霞在石头禅师那里出家,庞蕴也得到一些启发,后来庞蕴又去参访江西的马祖道一,得到更深的领悟,成为唐朝最有名的庞居士,被视为维摩诘大士的化身。

当我们站在人生的十字路口时,请记住一件很重要的事,那就是:倾听自己的心,不要相信眼睛。

因为心会告诉我们如何踏上梦想之路,而眼睛总是沉迷于稍纵即逝的海市蜃楼。

不管要站在十字路口多久,才能前往下一步,请记得,抬头看天空飞过的云朵,低头看路边的小花,关心身边行动不便的老人和孩子,给予交通警察一个微笑,也给周围的人一个鼓励,因为不只有自己,还有许许多多的人陪着我们徘徊在十字路口,当然也包括了诸佛和菩萨。

面对死亡的态度

  面对死亡的态度

说起来庞蕴真是个脱俗之人。

他初参石头禅师,问了一句:"不与万法为侣者,是什么人?"

我们生而为人,哪一天、哪一时、哪一事不是和万法紧紧相扣,而且法的本质是无常、是变迁的,能不与万法为侣,不受其束缚,并超越无常的人,便是一个解脱的人。

结果石头禅师什么都没说,只以手掩口,庞蕴略有所悟。同样的问题他后来又问了马祖禅师,马祖更绝了,回

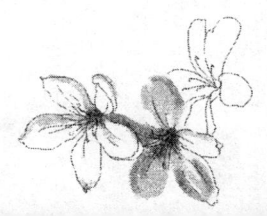

答:"待汝一口吸尽西江水,即向汝道。"等你一口把西江水饮尽,我就跟你说。

庞蕴当下豁然明白。当然这是个譬喻,谁能一口饮尽西江水?但一个明心见性的人,即能了解"万法皆为我师"的道理,他的眼界所及也将超越万法。

庞蕴留在马祖禅师身边学习两年后,禅机已是无人能及,可他也没有出家,而是带着妻子儿女跑到鹿门山下过着简单的躬耕生活,还把万贯家财全数抛入湘江,毫不留恋。这种不为金钱所束缚的能舍精神,够潇洒了吧?反观现代社会,哪个人不是在追求累积,谁能真的放下呢?

没有放下旧有的"自我",就没有全然的新生。

庞蕴一家人过着简朴的田园生活,处处自在,从日用事得取现成的禅悦,也就是所谓的乐活族。

他的儿子庞大在田里劳动耕种,不想娶妻,女儿灵照在家编卖竹器,也不愿嫁夫。一家四口专心向道,无忮无求,不像一般凡夫穷于比较、应付流俗,总是看见自己不及他人之处而怨声载道。

为此,庞蕴写了一诗偈:

面对死亡的态度

> 有男不婚，有女不嫁，
>
> 大家团栾头，共说无生话。

真是其乐融融，证明不必娶妻生子也可以得到幸福。

日子过得再惬意，也终有结束的一天。

日出日落，时光飞逝，转眼庞蕴已成为一名白发老者。死亡的脚步愈来愈近，面对死亡，更能测验出一个修行人真正的道行。

但庞蕴果然是庞蕴，他不假死神之手，自己选择了入灭的日子——某天的正午之时。

这一天，太阳已慢慢移向天空的正中央，他端坐在蒲团上，唤女儿灵照说："你出去看看正午了没有？"

机灵的灵照点一下头，跑到室外，又跑回来："已经正午了，可是有日食。"

一听有日食，庞蕴狐疑地下座走到屋外抬头一看，太阳又圆又亮，哪来的日食呢？

"这灵照不知又在玩什么游戏。"庞蕴边念叨着边返回房间，只见女儿灵照坐在他的蒲团上，早已入灭了。

庞蕴大笑说:"好个灵照,动作真快,居然知道我要走了,还抢先一步。"

于是庞蕴决定延后七天再死,地方官员于州牧得知他要辞世的消息,赶来劝说:

"庞居士你活得好好的,干吗死呢!平常人怕死怕得要命,你就这么不怕死?"

庞蕴笑答:"人生不过是一场镜花水月,所历经的一切更如梦幻泡影,本来空无,有什么好留恋不舍?我死后,请把我的骨灰撒入江河。"说完,就真的死了!

庞婆婆跑到田里,将丈夫的死讯告诉正在干活的庞大:"你老爸走了。"

庞大听了,既不悲伤,也不难过,忽然哈哈大笑一声,靠在锄头上,也死了。

庞婆婆连续失去三个亲人,却完全没事一样,处理好丈夫儿子的后事,向所有街坊邻居道别,然后不知去向。

人们以为这是多么大的悲剧发生在庞家,殊不知这一家人是快乐地活、快乐地死,面对生死大事,他们一派轻松,来去自如。

春秋多少

广东潮州有一座龙山,在这座幽静的山中,唐朝著名的大颠禅师创建了一所灵山禅院。

大颠禅师原与药山惟俨同事惠照禅师,后来又向石头希迁参学,得到大无畏法。之后他带领弟子在山上的洞穴修行,由于陆续求道的人实在太多了,小小的洞穴容纳不下这么多人,只好另造灵山禅寺,让数以千计的信众有个投靠处。

散落在山间的寺宇发出黄色的烛光,仿佛为迷途于黑

烦恼不起

暗中的创伤心灵，提供温暖的慰藉和步向光明的指引。

有一位装着满腹学识却又执拗的大学者，也怀着一颗受伤的心前来灵山拜访大颠禅师。不过，他可不是来求法，而是来质疑问难的，这位大学者就是唐宋八大家之首的韩愈先生。

原来韩愈是一个不信佛的人，甚至认为佛教是一种迷信。这也就算了！但他的个性又太刚硬，连笃信佛法的唐宪宗迎请佛舍利入宫供养，他也要投反对票，还陈了一书《谏迎佛骨表》，来表达满腔自以为是的除弊建言，气得唐宪宗把他贬到当时属于南蛮边疆的广东潮州当刺史。

韩愈翻越高耸的秦岭，跋涉了八千里路，差点赔上一条老命，终于从繁华的京城抵达被放逐的蛮荒之州，心底的郁闷和压抑可想而知。更糟的是，没事时，一大堆空闲时光不知如何排遣，更无知心者可以谈心说话。

有一天，他耳闻有位言行超然的大颠禅师，是潮州一带的高僧。一想到佛教，韩愈心底就有气，便决定上灵山拜访大颠禅师，探看他究竟何方神圣，值得众人如此推崇。

韩愈来得不巧，大颠禅师正好在打坐，任凭山风袭来，

132　我/心/不/安

春秋多少

吹动衣衫,老禅师还是一副浑然入定的状态。韩愈在树下徘徊许久,一开始还有点耐性,但随着日头渐西,黑夜浮出第一道阴影,韩愈露出了焦躁不安的神情。

一旁的侍者便上前,在老禅师耳边轻敲引磬三声,低语说:"先以定动,后以智拔。"

也就是老禅师的禅定工夫已折服了韩愈的骄慢之心,接下来应该以智慧来拔除他的执着。

韩愈一听,当场告辞谢说:"和尚门风高峻,弟子于侍者边得个入处。"

究竟韩愈得到了什么样的佛门入处呢?

意即禅定和智慧的止观双修。而且老禅师不以言说,而是用实际的身体力行让韩愈洞悉真理——不要用头脑去想象佛教,要亲身去验证佛法的真确与否。

不久后,韩愈又上山了,因为他还是百思不得其解,只好再度拜见大颠禅师。

这回大颠禅师眼睛睁开了,未在打坐。

一见老人家翩翩飘逸的神仙模样,韩愈便问:"请问和尚春秋多少?"

烦恼不起

老禅师也不说自己多大岁数,只拈着佛珠问他:"会吗?"

韩愈回答:"不会。"

老禅师又说:"昼夜一百八。"

韩愈丈二金刚摸不着头脑,不知道老禅师的意思为何?问个年岁有这么难吗?

隔天一早,他再来灵山请教,遇见一位打扫的沙弥,直接问道:"请问老和尚春秋多少?"

沙弥啥话也不说,只叩齿三下。

不明所以的韩愈只好踏入殿内,请求大颠禅师开示佛法,没想到禅师也同样叩齿三下。

这时韩愈有点懂了:"原来佛法皆然,等无差别。"

就整个宇宙时空而言,一切都是永恒无限的,而生命轮回只是短暂的现象,既然如此,何必多费嘴舌,计算人生的所得和存在的长短。好好把握时光,及早修行,进入那无垠的诸佛国度吧!

哦！是这样么！

世界上最纯洁的人是谁？

日本江户幕府时期的白隐禅师应该可以算是最纯洁的人了，因为他心中完全没有一丝不善的念头，即使被人诬陷了，他也是笑一笑，坦然地接受。

故事是这样的。

骏州（静冈县）松荫寺的住持白隐禅师，是日本举国皆知的临济宗大禅师。

烦恼不起

有一天，他的邻居——隔壁豆腐店的老板，带着他怀有五个月身孕的女儿，怒气冲冲地跑来寺院要找他。

白隐禅师才刚现身，豆腐店老板不问青红皂白，当场对着大禅师狠骂一顿："你这老不修，竟敢诱拐我未出嫁的女儿，现在好啦，肚子已经那么大，你说怎么办？亏你还是个修行人。"

白隐禅师确实是个老实的修行人，平时人们总是怀着恭敬崇拜之心，向老禅师请教佛法，谁敢这样侮辱他呢？而且老禅师年纪也不小了，再怎么样也不可能弄大姑娘的肚子，这中间一定有什么误会。

寺院门口聚集了一堆闲杂人等，大家都等着看老禅师如何澄清这没来由的指控，这可是涉及一位出家人最宝贵的戒律名誉哩！

老禅师听了后，只当是别人的事一样，完全没有任何辩解，平静地应了一句："哦！是这样么！"

转头回返寺内，留下一群议论纷纷的人们："没想到老禅师是这样的人，真令人太失望了。"

几个月后，少女顺利生下一名男婴，豆腐店老板二话

136　我/心/不/安

哦！是这样么！

不说，把尚在襁褓的婴儿直接交给白隐禅师："这是你的孽种，就由你处置吧！"

一旁看热闹的人也跟着冷言冷语："哎呀！父子俩长得真像。老禅师一把年纪了，还便宜得了个儿子。"

白隐禅师接过孩子，啥话也没说，还是那一句："哦！是这样么！"

一个老禅师临时当了爸爸，手忙脚乱地不知如何照顾这个小婴儿，何况寺院内全是和尚，小婴儿连吃奶都有问题。

白隐禅师却很认真地负起当爸爸的责任，每天抱着孩子走遍大街小巷，请求妇人们哺育小婴儿，再不然就讨些奶水和米浆喂孩子喝。

很快地，这个丑闻传遍了整个江户地区，大家都对白隐禅师十分不屑，过去修行的好名声，在一夕间全被人否决遗忘。一个禅师变成一只过街老鼠，那种难堪的处境可想而知。

得知众人对他严厉无情的批判，白隐禅师却还是老神在在，一样说："哦！是这样么！"只专心当他的好爸爸，

我/心/不/安

烦恼不起

抚养婴儿长大。

一年后，小男婴会走路了，豆腐店老板竟然又出现了，要把孩子领回去。原来豆腐店的姑娘不是和老禅师生了这孩子，而是和另一名年轻的男孩生的。

因为当时民风保守，未婚生子是莫大的奇耻大辱，加上两人的年纪太轻，少女心想父亲一定不会答应这门婚事，恐惧之余，只好编造谎言说是被老禅师欺负的。可是这一年多来，少女一方面很想念自己的儿子，另一方面深觉对老禅师过意不去，便向父亲吐露实情。

豆腐店老板明白后，赶紧来向白隐禅师谢罪："师父！我真是对不住您，不但令您蒙受冤枉，毁您清誉，还白白让您帮我养了一年的孙子，我真是惭愧啊！"

真相都已经大白了，白隐禅师仍是一派淡然轻松："哦！是这样么！"笑笑地把孩子送还了对方……

若不是心性纯洁，怎会有这般无所罣碍的修为呢？
处处保持着客观的觉知："哦！是这样么！"
心，却不为所动。

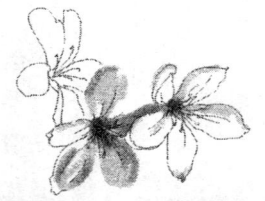

多观到无观

 多观到无观

白隐禅师是因为小时候害怕死后会堕入地狱,而开启了他的修行之路的。

十五岁就出家的他,在十九岁那一年挂单神丛寺时,听到一则《江湖集》公案——岩头和尚遇贼被斩,大叫一声,远播数里。

他因而对修行生起了退失心,心想:连大禅师都无法避掉贼难,甚至还惊恐地大叫,自己的修行不足,又怎能躲得掉命运的劫数呢?

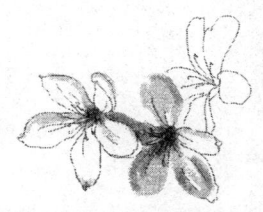

直到后来在晒书时,随意拿起《禅关策进》一书,翻阅到慈明和尚以锥刺股精进修行的事迹,非常感动,便决定走访名师,专心修禅。

二十四岁时,白隐在越后(新潟县)的高田英岩寺听性彻和尚讲经。

某天清晨,他在打坐时,忽闻远方寺院响起的钟声,恍然大悟地叫着:"哈哈!岩头和尚安在,他一点都没事。"总算一扫过去对此公案的疑虑。

他的悟境,性彻和尚无法体会,于是他跑去饭山找临济宗传人正受老人印证。

一开始,正受老人不理会他,还把他挡在门外,白隐不顾狼群出没,在寺外打坐一整晚。隔天入寺,还和正受老人你来我往、唇枪舌剑一番。

正受老人问他:"赵州无字为何?"

白隐回答:"赵州之无,无处可着手。"

正受老人狠狠地用指头压白隐的鼻头:"这就着手了。"

还笑骂他:"你这鬼窟里的禅和尚。"

正受老人并未认可白隐的开悟,之后白隐陆续又提出

新的见解，每次都被正受老人打骂一顿，推出门外。这样约莫半年，白隐过着有一餐没一餐的乞讨生活，身体变得十分虚弱。

一天，他在某户人家托钵，被一位老太婆赶走："去别的地方。"

白隐神志恍惚，站着不走，老太婆便拿起扫把，往他身上打去。白隐当场不支倒地，奇特的是，醒来后，他整个人都变了！

所有那些没来由的自我和骄傲，甚至是焦虑和慌张都消失了，眼前是一片明朗清澈的空无，既没有什么，也不必再追求什么，就是这样完整而具足。

白隐抖去身上的灰尘，回到正受老人身边，这回老人不骂他，也不打他了："你已经变了！"

他不仅印可了白隐，还收他为传法弟子，成为正式的继承人。不久，白隐得知沼津的息道恩师病危，他只好告别正受老人离开饭山，正受老人还亲自送他两里路程。

到沼津后，息道和尚病已痊愈，白隐禅师便又云游各地，到处禅修。或许修得太认真、太猛烈了，三十一岁的

烦恼不起

他居然得了严重的禅病——头部发热,腰部以下却麻痹冰冷,胸口绞痛郁闷,流泪耳鸣,夜不成眠,整个人就快死掉的样子。

他忍耐着剧痛,前往京都附近寻访白河山洞内的白幽仙人,求他救命。听说白幽仙人已经两三百岁了,是一位隐遁的大修行人,平时总是避不见人。

在一片柔软的草地上,白隐终于见到这位仙人,仙人告诉他:"你这是禅病,就是过于急躁地追求真理,失去了调节,才会如此。"

仙人又指示他:"一般修行人往往落于多观,反而容易误入歧途。应改为无观,面对境相,不起第二念。任何时候,以中立的角度,保持心的觉知与平衡。"

白隐禅师从白幽仙人处得到内观法及软酥法,又往美浓古溪底的岩泷山坐禅两年,终于治好禅病。尔后,他担任松荫寺住持,成为日本显赫一时的大禅师。

八十四岁时,他自知年寿将尽,医生却诊不出毛病,他笑说:"不能三天前预知人之将死,就不是良医。"

三天后,他睡觉醒来,"嗯"了一声,就过世了!

但莫憎爱

 但莫憎爱

禅宗三祖僧璨大师,是一位低调到不行的大修行者。

他隐遁岩穴,实修实证,几乎是不出世的。不出世到令人完全忘记他的存在,可是他所留下的《信心铭》,却是中国禅宗最经典的心之诗偈。

北齐天平二年,一位身穿白衣的中年居士,来向二祖慧可求见,请慧可禅师为他忏罪。

为什么要忏罪呢?

因为这位年过四十的中年人深为宿疾所苦,也就是一

般人所说的业障病缠身。

白衣居士对慧可说:"弟子身患风疾,请和尚为我忏罪。"

二祖慧可也绝了!立刻回答:"好呀!那你把罪拿来,我为你忏除。"

居士愣了一下,心想:"我去哪里找'罪'呢?"要说是前世的业力所致,前世造了什么罪行,他也无从得知。

他想了很久,才终于说:"觅罪不可得。"

二祖笑了笑:"既然如此,我已经为你忏好罪了。以后你应依佛法僧安住。"

居士疑惑地问:"我现在见到和尚您,知道什么是僧,可是不知道佛和法为何?"

慧可回答道:"心就是佛,心就是法,佛、法是无二的,僧也是一样。"

白衣居士大悟说:"我今天终于知道罪性不在外,不在内,也不在中间,一切都是心所造,佛法也是一样,没有差别。"

说得慧可大感赞叹,立刻为他剃发,收为传法弟子:"你真是吾宝啊!以后法名就叫'僧璨'。"

僧璨陪侍二祖两年后,风疾渐已痊愈,可是头发却都掉光了。

有一天,二祖将达摩大师所授的衣法交给他,并说:"这是达摩祖师传给我的禅宗衣法,我现在将它传给你,你千万要尽心守护,不要让心法断绝。"

僧璨接过衣法,二祖慧可又叮嘱说:"你虽然继承我的法脉,但千万不可轻易教化,要往愈远的深山躲去愈好,因为即将有国难。"

僧璨听了好奇地问:"师父既能预知未来,还请进一步指示。"

慧可摇头:"这不是我的预言,而是达摩祖师的师父般若多罗所见:'心中虽吉外头凶。'我推算一下年代,正是你这时候。你一定听我的话,不要沾惹这个大灾难,现在我要去了结我的宿业了,等时机成熟时,你再把正法传承下去。"

说完,师徒俩就分手了!一个往邺都游化,屡遭迫害

后,隐姓埋名,藏身市井街巷随缘说法,后来示寂;另一个则往返于安徽舒州的皖公山和太湖县司空山之间,在深山里的山岩水泽隐居修行,等待弘法的因缘。

这时中国的佛教黑暗期来临了,北周武帝下令废除佛、道,不仅把所有的寺院经像毁灭烧尽,还命所有僧、道还俗。又挥军攻占北齐邺都,一样将佛、道全数破坏铲除,正是史上著名的"周武法难"。

僧璨安然地在山中度过无甲子的日与夜,也躲开了这场浩劫,完整保存着禅宗的衣法,准备交给另一位有缘人——四祖道信。

在僧璨所作的《信心铭》中,一开始便提出求道的心法:"至道无难,唯嫌拣择。但莫憎爱,洞然明白。"

通往至道(宇宙真相)之路并不困难,可是能见道的人为何少之又少呢?因为大部分人都落入"拣择"之中,不相信道就是这么简单,而抱以怀疑之心,在各种修行法门的百货橱窗中东挑西选,只要老实修行,不怀喜恶的执着心,就能了悟道的真谛。

也可以如此诠释:成佛(觉者)是很容易的,最大的

但莫憎爱

问题是凡夫好取舍分别的心,障碍了成佛之道,若能放下爱憎,遇上逆境并不憎恶,对于顺境也不贪恋,即能明白觉知、洞然开悟。

僧璨所谈的重点,正是佛陀最宝贵的教法——不落两边的中庸平衡之道。行持中庸之道,自然能成佛。

《信心铭》——隋·僧璨

至道无难,唯嫌拣择。但莫憎爱,洞然明白。
毫厘有差,天地悬隔。欲得现前,莫存顺逆。
违顺相争,是为心病。不识玄旨,徒劳念静。
圆同太虚,无欠无余。良由取舍,所以不如。
莫逐有缘,勿住空忍。一种平怀,泯然自尽。
止动归止,止更弥动。唯滞两边,宁知一种。
一种不通,两处失功。遣有没有,从空背空。
多言多虑,转不相应。绝言绝虑,无处不通。
归根得旨,随照失宗。须臾返照,胜却前空。
前空转变,皆由妄见。不用求真,唯须息见。
二见不住,慎莫追寻。缰有是非,纷然失心。

烦恼不起

二由一有，一亦莫守。一心不生，万法无咎。
无咎无法，不生不心。能由境灭，境逐能沉。
境由能境，能由境能。欲知两段，元是一空。
一空同两，齐含万象。不见精粗，宁有偏党。
大道体宽，无易无难。小见狐疑，转急转迟。
执之失度，必入邪路。放之自然，体无去住。
任性合道，逍遥绝恼。系念乖真，昏沉不好。
不好劳神，何用疏亲。欲取一乘，勿恶六尘。
六尘不恶，还同正觉。智者无为，愚人自缚。
法无异法，妄自爱着。将心用心，岂非大错。
迷生寂乱，悟无好恶。一切二边，良由斟酌。
梦幻空花，何劳把捉。得失是非，一时放却。
眼若不睡，诸梦自除。心若不异，万法一如。
一如体玄，兀尔忘缘。万法齐观，归复自然。
泯其所以，不可方比。止动无动，动止无止。
两既不成，一何有尔。究竟穷极，不存轨则。
契心平等，所作俱息。狐疑尽净，正信调直。
一切不留，无可记忆。虚明自照，不劳心力。

但莫憎爱

非思量处，识情难测。真如法界，无他无自。
要急相应，唯言不二。不二皆同，无不包容。
十方智者，皆入此宗。宗非促延，一念万年。
无在不在，十方目前。极小同大，忘绝境界。
极大同小，不见边表。有即是无，无即是有。
若不如此，必不须守。一即一切，一切即一。
但能如是，何虑不毕。信心不二，不二信心。
言语道断，非去来今。

烦恼不起

 谁绑住你？

终于，等到天下太平的一刻。

南北朝结束了，隋朝开始了。

三祖僧璨还在皖公山隐修，过着流浪的生活。可是慢慢的，人们知道这座深山里住着一位深藏不露的禅师。

有一位道信少年，一出生就很特别，从小对于解脱的法门很感兴趣，才七岁便出家了。

道信的剃度师父是一个不守戒行的出家人，这在当时僧团规矩荡然无存的混乱时代里，或许司空见惯、见怪不

怪了。可是这位生性纯洁的小沙弥却看不下去，屡屡劝导师父都不听，只好自己守持清净斋戒，前后长达五年之久，而他的师父竟然一点都不知道。

隋文帝开皇十二年，十四岁的道信，听说皖公山有位禅宗大师，专修解脱法门。他怀着一股莫名的向往与冲动，也不管旅程有多远，徒步从河南一路跋涉到安徽，在偌大的皖公山森林深处，找寻着僧璨的影踪。

他的运气真的很好，僧璨大师虽然居无定所，仍旧被道信沙弥给遇上了。

其实也应该说僧璨大师知道传法的时间已到，所以他停留在此地，等待着有缘人出现。

道信少年一见到隐世多年的修行者，并无一丝畏怯，大胆地提问："师父，佛心究竟是什么？"

僧璨也不把他当成一个不懂事的孩儿，直接点拨他的迷惑处，反问他："那你现在是什么心？"

道信率直地回答："我现在无心。"

僧璨笑说："你都没有心了，佛怎么会有心呢？"

道信听不明白，进而祈求说："愿师父慈悲，为我指

引解脱法门。"

僧璨又问他："谁绑住你了呢？"

道信天真地说："没人绑住我啊！"

僧璨神色自若地说："既然没人绑住你，那你为什么要求解脱？"

道信一听顿然领悟。

我们总是在寻找生命的解脱之道，但曾否仔细深思，究竟是什么绑住了我们？是名、是利、是情爱，还是自己一颗不能安稳的心。

我们总是急着奔向前方，活着的每一刻都像在赶行程似的焦虑不安，把人生过得像一个既紧张又招摇的霓虹灯，一直快速转个不停，只活在别人的眼光中，内心却在沉睡，只忙着追求无关紧要的东西，然后再被它们所束缚，痛苦不堪。

事实上，你不需要做什么，因为没有任何东西绑住你，那是你的想法。你只要静下来、慢下来，享受这一刻，就是回家了！

谁绑住你？

道信悟道后，留在僧璨身边九年时光，持续修行锻炼，直到因缘具足了，三祖正式将禅宗衣法传给道信，并说："以前慧可大师付我法后，即往邺都游化三十年入灭，今天我已有你这位传承的人，也应该四处游走、广行教化了。"

道信听后，忙说："那我跟师父一起同行。"

僧璨却不同意："你我使命不同，你要待在这里，为将来大弘禅法做准备，以利益更多的众生。"

果然，如僧璨所说，道信成为中国禅宗农禅修行的第一人。

道信结束禅宗初祖到三祖随缘教化的云水生活方式，在蕲州黄梅双峰山建立禅院，会聚五百僧众，定居垦荒，自给自足，将禅宗修行扩展到更广大的人群和日常生活中。

烦恼不起

一切现成

这一场暴风雨无预警地降临，下得漫天漫地，阻碍了三名行脚僧侣前进的步伐。

其中一位僧人法眼文益，才在福州跟随长庆慧稜习禅，可惜一直未有领悟，便邀约两名同伴一起云游参学。走着走着，来到漳州城西遇上这场偌大的暴风雨。

雨下得十分猛烈，看样子一时半刻是停不了的。

文益说："老天爷大概要我们待在这里，不如到附近的地藏院走访一下，等雨停后再启程。"绍修和法进点头表

示同意。

三人便冒雨来到地藏院，罗汉桂琛禅师很热情地迎接他们，"进来休息一下吧！"

几个人围坐在炉火旁取暖，烘干衣物，喝一杯热茶，和桂琛禅师聊起禅法，别有一番雨中的诗意与禅味。

桂琛禅师问说："此行为何？"

文益回答："行脚去！"

桂琛禅师又问："什么是行脚事？"

文益摇头："不知。"

桂琛禅师点头说："不知最好。"

接着又对三位年轻僧侣谈及《肇论》，说到"天地与我同根"时，桂琛禅师问大家："山河大地和诸位是一样，还是不一样呢？"

其他人不语，文益说："不一样。"

桂琛禅师竖起两指。

文益又说："一样。"

桂琛禅师还是竖起两指，然后离去。

隔天一早，天晴了，一行人准备离去，桂琛禅师亲自

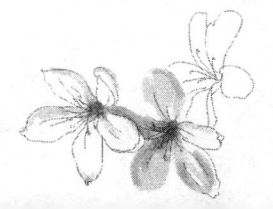

送到门口,文益等人向他作揖辞行。

桂琛禅师知道文益是个可造之才,这时故意指着庭院的一块石头问他:"您之前说:'三界唯心,万法唯识。'那么请问阁下,这块石头在您的心内,还是心外?"

文益说:"在心内。"

桂琛禅师反问他:"行脚人四处漂泊,应当轻装简从,干什么在心里摆一块沉重的石头?"

说得文益无言以对,将手中的包袱放下,决定不和其他两人一起走了,暂且停留此处,把这想不通的道理好好思索清楚,再放心地离开。

就这样,文益又在地藏院待了一个月,每日向桂琛禅师提出他的见解,可还是未有所获,到后来只剩下一片沉默了。

桂琛禅师便问他:"你对佛法不在意了吗?"

文益叹一口气说:"我已经是词穷理绝,不知如何是好!"

桂琛禅师这才点化他:"若论佛法,一切现成,无处不是佛法。"

一切现成

日月星辰，春夏秋冬，花开花谢，潮起潮落……一切都是自然而然，一切都是佛法的示现。就算心中有一块石头，也是佛法的示现，也就任它自然地存在，何必太过在乎、视它为负担呢？

文益得到莫大启悟，便留下来拜桂琛禅师为师，不再转往他方。几经淬炼后，继承其禅法法脉，成为当代"深入经藏、智慧如海"的大禅师。

后来文益创立了中国禅宗的最后一宗"法眼宗"，强调禅法与净土思想的融合，以广大圆融的宗风，开展禅宗崭新气象，声名远播，连高丽、日本的僧人也纷纷渡海来求法。

五代南唐的李国主对文益更是礼敬有加，不仅亲自迎接他到金陵国都，住在报恩院，还事以师礼，赐号"净慧大师"。

一天，文益和李国主论道完毕后，同去观赏牡丹花开。李国主请他作一首诗偈，文益吟道：

拥毳对芳丛，由来趣不同，

烦恼不起

　　　　发从今日白，花是去年红，
　　　　艳冶随朝露，馨香逐晚风，
　　　　何须待零落，然后始知空。

　　世事无常，就算再美好，终究还是会凋零，李国主当下顿悟其意。

睡 觉 去

睡 觉 去

澧州鳌山的荒郊，有一间野店。

冬季里的第一场大雪，封住这里所有的山川、平原、城镇、市街，把大地变成一片雪白国度。连野店对外联络的道路，也被深雪淹藏不见，野店看起来更加孤零零了。

夜已晚了，野店住宿的旅客们都休憩了，边间客房内的僧人雪峰义存却还不睡，一直在用功打坐，他的师兄岩头全豁则是呼声不断，不知梦游到何方。

这两人被大雪阻在这家野店已经多日，哪儿也不能去，

什么事也不能做。

岩头每天只管睡觉，而义存坚持坐禅。

从小就拜庆玄律师为师的义存，十七岁正式剃度出家。

二十四岁时，唐武宗毁教灭法，他正隐居芙蓉山，跟随宏照禅师习禅，后来也拜见曹洞宗祖师——洞山良价，并在那里担任饭头，可是他和良价的机缘并不契合，良价说："据子因缘，合在德山。"

义存便转往湖南武陵的德山，向宣鉴禅师学习。当时岩头全豁和钦山文邃两位禅师也在德山座下，他们师兄弟三人彼此友善、相互提携，真可谓禅门中的好哥们。

有一回，义存问德山宣鉴说："从上宗乘中事，学人还有分也无？"

意即：关于明心见性的彻悟大事，我可以得到吗？

德山宣鉴站起来给他一棒："你说什么！"

义存不明其意，第二天再度请益，德山宣鉴只好说："我宗无语句，实无一法与人。"

也就是：明心见性的大事，是没办法用语言文字去表达的，如果透过语言文字叙述，就已脱离事物的原貌。

睡 觉 去

义存听后有所省悟,不过,心中仍有疑问。

过了不久,义存和师兄岩头外出,却被困在雪中的野店内。义存为求开悟,拼命打坐,不敢稍息片刻,而岩头整日睡懒觉,让义存实在看不过去,便喊他说:"师兄!起来。"

岩头应道:"做什么?"

义存抱怨他:"我这辈子命运真不顺,净碰上一些倒霉事。先是和文邃这家伙行脚,到处被他拖累。今天和你来到这里,你却只管睡大觉,也不用功修行。"

岩头一听,喝了一声:"呵!睡觉去。你每天在床上坐禅,就像村里的土地爷,以后专门魅惑人家的善男信女。"

义存指着自己的胸口,说:"我这里不安稳,不敢欺骗自己。"

岩头笑说:"我以为你将来要在孤峰顶上结草庵,弘扬禅宗大法,还说这种话!"

"可是我实在心中未安稳。"

岩头慷慨地说:"好吧!果真如此,你把你所见的一

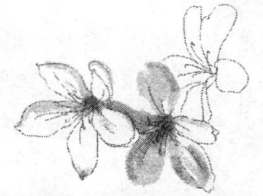

一说来，我来帮你印证看看。"

义存娓娓道来："我第一次参盐官齐安禅师，从他所谈的色空义理得到入门。"

岩头摇头："以后三十年，不要再谈此事。"

"之后我读了洞山良价的《过水偈》：'切忌从他觅，迢迢与我疏。渠今正是我，我今不是渠。'"

岩头还是摇头："这样的话，自救还是不够彻底。"

"后来我问德山禅师：'从上宗乘中事，学人还有分也无？'被德山打了一棒，说：'道什么！'当时如桶底脱落一般。"

岩头忽然大喝说："你没听过，从门外来的不是家珍？"岩头禅师三次点化，就是要义存一一放下别人的见解和领略，而从自己的内心去实证。

义存接着问："那我以后该怎么做？"

岩头说："以后如要播扬大教，一切都要从自己胸襟流出，才能涵盖整个天地。"

义存这下真的大彻大悟了，站起来向岩头行礼，连声说："师兄，今日起才真的是鳌山成道！"

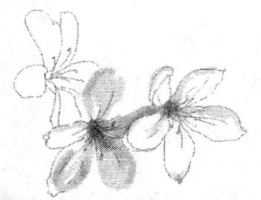

万物合一

永远要保持心中的超然高度,
随处自在,
不要忘记我们一直身在广阔的禅床中,
整个大千世界都是无限的禅床。

入地狱去

入地狱去

雪峰义存四十四岁时,告别德山禅师,和岩头一起浪迹天涯,漫游行脚。

第二年,他们在路上又和钦山相遇,三人结伴同行。

某个晚上,他们在一家旅店住宿,打坐完毕后,就着一盏橙光烛火,忽然聊起了以后各人的志向。

岩头先说:"我希望能有一艘小船,晃荡五湖四海,和江畔的钓鱼汉子坐在一块,就这样过却一生。"

钦山则说:"我愿在大州城内安住下来,让节度使礼

遇我为师。"

义存接着说："我想在某个十字路口盖一座禅院，如法地供养师僧。"

后来，义存和好友岩头、钦山分手，岩头前往龙山，钦山北上澧阳，义存还回闽地，从此各化一方。

义存跑去福州西边雪峰凤凰山的一株枯木内结庵修行，这里海拔一千公尺，主峰终年积雪，故称雪峰。

一个下雪天，地主蓝文卿远望枯木庵大放光芒，近前一看，原来是义存禅师身着薄衣正在打坐，大受感动之余，便决定捐地给他建造道场。加上行实禅师的协助和福州刺史韦岫的支持，雪峰禅院就这么创立了起来。

唐朝末年发生了一场史上著名的黄巢起义，在义存五十七岁时，乱事由北往南扩及到了闽地，直到他六十三岁时才总算平定，而在这场战乱中，他那六十六岁的师兄岩头，死于盗贼之手。

后来王审知占据了闽越之地，建立了五代十国的闽国，他对义存十分礼遇尊崇，常向他请教佛法。

当年义存为何会有在路头兴建禅寺的念头呢？

入地狱去

套一句他常说的话:"入地狱去。"

有一天,义存在雪峰寺上堂向学人们开示,忽然想起了以前在旅店和岩头、钦山诉说志愿的往事。那些早年的梦想像鸟一样,自遥远的从前飞入他的心间。

义存突然有感而发地说起这段故事,并说:"自此之后,岩头和钦山果然不违本愿,只是老僧有违初衷,住在这里,造得了地狱滓滓。"

这当然是客气话,因为义存在当时的影响力可说是盛况空前,身边弟子常达一千七百多人,后来他的法系还衍生出云门宗和法眼宗,禅门五宗就占了其中两宗。

在场的学僧没人出声,义存又说:"谁有问题可以提出来。"

一名学僧打破沉默,礼拜问说:"不知道这里(心)的事如何?"

义存回答:"入地狱去。"

有人又问:"古人曾说,欲得不招无间业,莫谤如来正法轮。如何得以不谤如来正法轮?"

义存一样回答:"入地狱去。"

万物合一

另一名学僧则问:"怎样是涅槃呢?"

义存还是同样的答案:"入地狱去。"

说什么义存都是教人入地狱。

究竟地狱在哪里?是在永无出期的黑暗深渊,遭受永无止境的凌虐之苦。众人学佛,正是要离苦得乐,怎么义存教人入地狱呢?

也许生长在乱世时代的义存,感知到地狱不在死后的他方,而是在自己的心间。

当事与愿违时,地狱就来了。

当贪婪生起时,地狱也出现了。

当失去所爱时,地狱更是如在眼前。

更别说某些掌权者为了私己的权力欲望,发起国家间的战争,让老百姓深受家破人亡的人间炼狱之苦。

这种种生老病死不圆满的无常人生,不是地狱,是什么呢?

身为一个禅师,就是要以入地狱的决心,无为而无不为,面对种种的苦,去挑战它们,最后超越它们,并以慈悲喜舍的精神,带领大众转法轮、证涅槃,如此才能真正脱离苦海,脱离地狱。

点哪个心?

夏日第一声蝉鸣响起,一名和尚挑着一个担子,正从四川盆地出发,越过盘旋曲折的山路,风尘仆仆地往中国的南方前行。

这担子可不轻,装着全是和尚多年来穷究经论的结晶,也就是《金刚经》的注解——《金刚经·青龙疏钞》,层叠庞然的疏钞多达一百二十卷,挑起来也有几十块砖头那么沉。

如此辛苦载重地赶往南方,究竟为何?

原来这个和尚名叫德山宣鉴,俗姓周,年少出家的他,

潜修大小乘诸经，尤其对《金刚经》更是钻研深入，自己还参考古籍，写了一大部《金刚经》的注解到处讲学，四川人都尊他为"周金刚"。

这时正好是唐朝南禅兴盛的时刻，因闻《金刚经》悟道的六祖惠能所提倡的"不立文字、直指人心、见性成佛"顿悟禅教，早已通过马祖道一和石头希迁等人的传播，从南方延伸，在整个中国遍地开花起来。

位在偏远四川的宣鉴得知后非常生气，愤愤不平地说："出家人历经千劫才得学佛的威仪，历经万劫才能学佛的细行。如今这些南方魔子竟敢说直指人心、见性成佛，我应当直捣窟穴，好好和他们辩论一番，降伏这些妖邪，以报佛恩。"

怀着满腔正义感，宣鉴将所有疏钞打包好，立即动身。一路来到湖南澧阳时，看见一位老婆子正在卖油滋点心，一种用米做成的炸煎饼，表层再抹上一层糖。

赶路的宣鉴也觉得肚子有点饿了，便上前向老婆子买点心。

老婆子看这位外地和尚满头大汗地挑着重担，好奇地

点哪个心？

问："这装什么来着？"

宣鉴得意地说："我注解的《青龙疏钞》。"

老婆子又问："讲什么经啊？"

宣鉴回答："《金刚经》。"

这老婆子并非寻常之辈，颇有些禅修底子，一听是《金刚经》，便想测验一下宣鉴的实力："我有个好主意，我来问你一个《金刚经》的问题，你若答得出来，点心免费招待，若答不出来，就请到别的地方买去。"

对宣鉴而言，这还不容易，不要说整部《金刚经》他耳熟能详，甚至都能倒背如流，于是爽快地说："好呀！"

他心底暗忖："我就看你这卖点心的老婆子能提出什么好问题！"

老婆子便开口问："《金刚经》有句经文：'过去心不可得，现在心不可得，未来心不可得。'不知道上座要点哪个心？"

众生的妄想心念念不停，总在过去、现在、未来流转不停，执着不放。事实上，所谓的过去、现在、未来，是心去分别它们而生起的，就整个存在而言，并非真实。所以说："过去心不可得"——过去已灭了，怎么得到过去

心呢？"现在心不可得"——现在瞬间即逝，你想抓住现在心，它立刻又快速溜走。"未来心不可得"——未来还没发生，未来心又如何可得呢？

老婆子问宣鉴要点哪个心？这即印证了她确有体悟，并非只是玩文字游戏而已。

宣鉴被问得哑口无言，愣在原地，不知该如何回答。

原来宣鉴是以读书的方式去研究经典，他对《金刚经》只有依文解义的了知，却缺乏实修实证的了悟。若依文解义，那终究是他人的明珠，而非自家宝，所以南禅宗派才说"不立文字"，一定要自己去"明心见性"。

宣鉴怎么也想不到一个卖点心的老太婆能问出这般深奥的问题，其悟道的功力绝对在他之上，只好汗颜地说："我很佩服您，您的问题我答不出来，请告诉我，您是向哪一位大师学习呢？"

老婆子回答："这附近有间龙潭寺，里头有位龙潭禅师，我向他学了一些道理。"

于是宣鉴不到南方了，挑着那一担子转往龙潭寺的方向，寻访龙潭禅师去了。

你看见什么？

 **你看见什么？**

就在夏日的第二声蝉鸣响起时，挑着一担子《金刚经·青龙疏钞》的德山宣鉴已经站在龙潭寺的大门了。

这龙潭寺看起来和一般乡下寺庙差不多，几间院落禅堂错落在静寂的竹林中，既无大丛林的恢宏格局，也没有古道场的鼎盛香火，简直朴素到了极点。

宣鉴心底不免叨念着："这没什么嘛，比起我在四川的佛寺，真是差太多了。"

宣鉴怀想从前开讲《金刚经》时被满堂信众簇拥包围

的热闹场面,那时每一个人都眼露崇拜的神情,对他的满腹学识发出由衷敬佩。这是多么荣耀的一刻,也是一只多么令人难以舍弃的高帽啊!

在空无一人的小院子转了一圈,宣鉴直接步入法堂,眼前出现一位老和尚,正是卖点心老婆子口中深不可测的龙潭崇信禅师,外表就跟这座禅寺一样很简单、很平凡。

宣鉴姿态甚高地向老禅师呛了一句:"久闻龙潭的大名,想不到今日来到此地,既不见潭,也不见龙。"

龙潭崇信也不是省油的灯,平心静气地回答:"你已经身在龙潭了。"

这道理就像"不识庐山真面目,只缘身在此山中"一样,当然也拐了个弯数落宣鉴:是你有眼无珠,才会身在龙潭而不自知,因为你没有心眼去看,所以看不见龙潭(自性)的本来面目。

用一般世俗的眼光,博学强记些经典上所说的佛法,就像瞎子摸象一般,你能真正看见什么呢?不过是追逐虚幻的自我和美好的假相,被它们拖着跑而已。

果然,宣鉴还是很有慧根的,经禅师这么一说,他住

你看见什么？

嘴不语了，真正的大师往往一句话就让你受用了。宣鉴把肩上的担子放下，决定留在这里，跟随龙潭崇信学习他曾经视为妖魔邪法的"明心见性"的顿禅。

转眼秋季已至，天黑得更快、更早。

某日，宣鉴待在崇信禅师身边随侍一整天了，到黄昏犹不肯离去，崇信禅师对他说："天晚了，怎么还不下去呢？"

宣鉴只好双手作揖向老禅师道晚安："师父，您自己珍重，徒弟告退了！"

他才刚出去，却又把房门推开。龙潭崇信问："怎么了？"

宣鉴回说："外面天黑，看不见路。"

龙潭崇信顺手点起一根纸火，拿到门口递给他。宣鉴伸手准备去取时，龙潭崇信忽然将火吹灭，周遭立时又陷入一片黑暗中。

面对龙潭崇信这突如其来的举动，宣鉴当场顿悟，跪在地上对师父拜了又拜。

龙潭崇信忙不迭地问道："你看见什么？"

万物合一

宣鉴高兴地回答："从今天起，我再不会怀疑天下老和尚的舌头了！"

龙潭崇信为什么把火吹灭？

原来龙潭崇信要宣鉴莫依赖外面的光看清道路，我们每一个人心中都有自己的光，只要把自己的光放出来，即能照亮前程；那些文字经论就像用来照路的纸火一般，终究要吹熄它，才不会陷入文字障中，因为那毕竟是别人的东西，而非自己的证悟，唯有放下它们，实际去修行，才能得到自家宝。

而黑暗中宣鉴又看见了什么？

宣鉴看见了真正的黑，以及在黑色中慢慢浮现、一清二楚的一切的一切，也就是整个究竟分明的浩瀚太虚。

隔天，开悟后的宣鉴将他那一担子的疏钞，全部堆在法堂前，拿起一把火炬烧得一干二净。

我们眼睛所见的往往都不是真实，只有直接体验，才能得到真理。

一个烧饼

一个烧饼

还没出家前,龙潭崇信是一个穷小子,他在天皇道悟的禅寺旁,摆了一个小摊卖烧饼。

因为没有住所,崇信只能窝在小摊边上,露天而宿。道悟禅师得知后,便叫他住到寺中空出的一间小屋。

为了感恩,崇信每天都会送十个烧饼给道悟禅师,可是道悟禅师收下后,每次都会还他一个,还说:"这是我给你庇荫你的子孙。"

崇信觉得很奇怪,自己既然都送出十个烧饼了,哪会

万物合一

要禅师再还他一个,难不成禅师只要九个烧饼,所以才退还他一个?可是又不敢把供养的十个烧饼随便少去一个,因为这可是很没礼貌的事。

有一天,他又接到一个被退回的烧饼,忍不住问道悟禅师:"师父,烧饼是我给您的,可是您每次都要还我一个,这是什么意思?"

道悟禅师反问他:"你能给我烧饼,我就不能还你吗?"

在道悟禅师眼中,崇信所供养的,不仅仅是烧饼而已,更是一份虔诚的清净心,所以他也反馈这样的心意,庇佑他的子孙。重点不是"还",而是"给予",意即人与人之间相互的关怀付出,不分你我、感同身受的慈悲心。

所以,道悟禅师既愿意分出一间房子给崇信住,也愿意还一个烧饼给他,这就是彼此共享的含意。

崇信听了后,似有体会,一时间生起了求道之心,于是请道悟禅师为他剃度。

道悟禅师顺口说:"一生十,十生百,乃至百万、千万,诸法皆从一而生。"

一个烧饼

崇信接着道:"一生万法,万法归一。"

宇宙一切万有,都在于一颗禅心,一个烧饼所生起的善根福报也是无量的。

道悟禅师点点头,看崇信这孩子颇具慧根,决定收他为徒。

变成一名出家人、不再靠卖烧饼为生的崇信,转眼在道悟座下也待了好几年,可是却一直有不得其门而入的疑惑。

每天,天亮了,他只是起床打扫煮饭洗衣,天黑了,便倒头而眠,师父道悟禅师从未指导他任何的修行法门和心要。

"别人若问起,你师父教你什么?我该怎么说呢?"

原以为一开始是沙弥身份,所以师父不教,只要做好自己的分内事即可,可是毕竟也出家多年了,当了正式的和尚,师父却还是什么都没教导。

困扰万分的崇信,终于跑去问道悟禅师:"师父,我跟随您这么久了,为什么您一直不肯指示我禅法心要呢?"

没想到道悟禅师竟回答:"我每天都在指示你禅法心

我/心/不/安　179

要,怎么会没有呢?"

崇信反驳他:"您哪里指示我心要了?"

道悟禅师一五一十地举例:"你端茶给我,我就接;送饭给我,我就吃;向我叩首,我就点头;哪一样不是在指示你呢?"

崇信仍不明白,沉思了好一会儿,道悟禅师又说:"不要再想东想西了,开悟是直接的,还要思考的话,就有所偏差。"

道悟禅师的这番话,总算让崇信悟解了,他进而又问:"那要如何保持呢?"

道悟禅师回答:"任性逍遥,随缘放旷,但尽凡心,别无圣解。"

在日常生活中,就算是一件平常事,也要尽心去做,不问结果,不求代价。在时间之流中,随顺际遇缘分,凡事莫强求,依着觉性处世,即能自在逍遥。

得到法要后的崇信,后来转往湖南澧阳的龙潭山结庵说法,成为德山宣鉴的师父。

四大本空

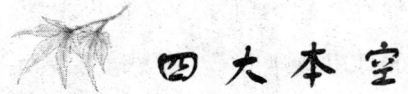

说起来,中国最出名的一位禅师,不是别人,而是佛印了元禅师。

当然,这要拜大文豪苏东坡之赐,若不是历史上流传着多则苏东坡与佛印的幽默趣味公案,这位北宋的"神童"禅师,也不会在人们心中留下令人莞尔的深刻印象。

为什么说佛印是位"神童"呢?

据说佛印禅师三岁就能流畅诵读《论语》,五岁就可以

背出三千首诗。

可他并不是那种"小时了了,大未必佳"的泛泛之辈,长大后的他不仅博览群经,能诗能文,还写得一手好字,口才更是机锋无碍。

很早就对空性深感兴趣、向往追求般若智慧的佛印,少年时即随宝积寺的日用禅师出家,十八岁受具足戒,将近二十岁时,更只身前往庐山游学。尔后传承居讷禅师法脉,住持在云居寺。

北宋神宗时期,苏东坡因为反对王安石变法,差点惨遭杀身之祸,后来被贬到湖北长江北岸的黄州,担任团练副使,与江西九江庐山正好是一江之隔。

学佛多年、对禅法也颇有契悟的苏东坡,是一位乐与禅师往来的文人雅士,因此和佛印也结下一段令人津津乐道的佛缘。

跨一个江水,他即可前往佛印同时住持的归宗寺,去寻访他的心灵知己,一同游山玩水、吟诗作对,流放生活过得既潇洒又开心。

这一天,苏东坡穿着一身官服,腰间系着一条玉带,

四大本空

出巡完毕后,顺便渡过长江,要找佛印喝茶聊天。

他来得不巧,佛印正准备登坛说法,放眼看去,整个殿堂座无虚席,前来听法的信众早将所有座位一一坐满。

佛印只好向苏东坡道歉说:"不知道学士要来,没有特别安排座位,现在已无你坐的地方了。"

这两人平时幽默惯了,苏东坡便对佛印开个玩笑:"没关系!既然没有座位,那我就以禅师的四大五蕴之身为座,借和尚的身体当我的座位好了。"

所谓的"四大"是指地水火风,佛教认为世界万物及人的身体等物质,都是由四大所组成。

而"五蕴"就是:色蕴、受蕴、想蕴、行蕴、识蕴。蕴是聚集的意思。这五蕴是构成人身的五种要素,第一种属于物质(人的色身),后四种属于精神(人的内心)。

苏东坡这番话,一方面想展现自己的禅理,一方面丢球给佛印,看他怎么回应。

佛印知道苏东坡要跟他玩一下嘴上功夫,笑说:"这样好了!我来问学士一个问题,答得出来,我的身体充当你的座位,答不出来呢,就请留下你身上的玉带。"

万物合一

苏东坡一听大乐，忙说："好呀！"

佛印便问："佛陀说：'四大本空，五蕴非有。'我的身体既是虚空，无一实在可得，请问学士要坐在哪里呢？"

佛陀成道后，为破除众生"执我为有"的迷思，故对宇宙世间的诸法万象提出"四大本空，五蕴非有"的说法，意即我们的色身是地水火风四大假合而成，所以本来是空，既然四大本空了，五蕴就更非实有，能有这样的体悟，正是《心经》所言"照见五蕴皆空"的般若智慧了。

苏东坡听了之后，当场不知如何回答，只好脱下玉带，交给了佛印禅师。

事后，苏东坡还为此写下一首诗偈送给佛印：

百千灯作一灯光，尽是恒沙妙法王；
是故东坡不敢惜，借君四大作禅床。

佛印也回他一首谢偈：

四大本空

　　石霜夺取裴休笏，三百年来众口夸；
　　争似苏公留玉带，长和明月共无瑕。

此段公案后来传为千年美谈。

万物合一

大千世界一禅床

在一个风轻云淡的日子里,悠然摇扇的佛印禅师,独自山间散步归来,收到童子捎来一封笺函,书信者不是别人,正是苏东坡先生。

信笺中写道:"明日午时,我将来寺,禅师可如赵州迎赵王一般,不必来接。"

佛印阅完后,莞尔一笑,对送信的童子说:"你回去跟学士说我知道了!"

关于"赵州迎赵王"的公案是这样的——

大千世界一禅床

仰慕赵州禅师盛名已久的赵王，有一回亲自到禅院参见老禅师，可是赵州不仅没有出门迎接，还赖在床上不起。

赵王只好跑到床边向赵州顶礼，一副才刚睡醒样子的老禅师对赵王说："不好意思，我年纪大，身体虚弱不堪，只好躺在床上接见你。"

赵王不以为意，回去后立刻派使者送一些补品和礼物给赵州禅师，不多久，当使者来到山门时，赵州禅师已经穿好袈裟，站在大门迎接。

弟子们都觉得很奇怪，问师父说："赵王刚才来时，你躺在床上不去迎接，现在他的使者送礼物来了，你反而跑去迎接，这是什么意思呢？"

赵州笑答："对于上等的宾客，我用本来面目接见他，次等的宾客，我就坐着接见，更次一等的世俗之辈，我就以世间俗套在门口迎接。"

而近日无事读书的苏东坡，正好读到这则公案，便心血来潮，要佛印效法赵州禅师迎接赵王的方式，以最高规格"不接而接"的方式来迎接他，表示自己可是与佛印交情匪浅的上等宾客。

万物合一

隔天中午,苏东坡果然乘一艘木筏,翩翩渡江而来,还没到山门,远远就看见佛印禅师顶着大太阳,站在那里恭敬等候。

苏东坡走上前,逮住机会,对佛印来个下马威:"看来禅师的道行不过尔尔,既无赵州禅师的深远境界,亦无他老人家的豁达气度,还不免俗套地跑来接我,难不成把我当做是下等宾客。"表面一派责难的严肃样子,心底却暗自高兴,等着看佛印出糗。

佛印摇扇说:"哪里,哪里!学士是佛印的上等宾客,当然是以最上等之礼迎接。"

苏东坡回问:"此话怎讲?"

佛印慢悠悠地答了一首佛偈:

赵州当日少谦光,不出山门迎赵王;
怎似金山无量相,大千世界一禅床。

聪明的苏东坡一听,知道自己又屈居下风了!

原来佛印这首偈子的意思是:

大千世界一禅床

赵州那天不起床迎接赵王,是自己不够谦虚,故作姿态,不懂得待客之道,哪是什么洒脱的禅意?又如何能比上我所展现的无量之相。

我跑来山门迎接你,并非落入俗套,而是有更高妙的意境,你不要以为我真的起床了,事实上整个大千世界尽虚空、遍法界,都是我的禅床,我仍是躺在广大的床上接见你呢!而你只看得到肉眼的床,却未见识到无限的禅床。

调侃不到佛印的苏东坡,只好尴尬地一笑,随着来接他的佛印,步入禅寺喝茶去了。

虽然这是则诙谐的禅宗插曲,但从佛印的诗偈中,也让我们领略到,永远要保持心中的超然高度,随处自在,不要忘记我们一直身在广阔的禅床中,就算落入世俗,也可以不被世俗的人情事物给困住,拥有无量的胸襟,即能超越这一切。

万物合一

 ## 与世事打成一片

北宋末年，东山惠云院塑立了一座释迦牟尼佛像，有一位丁生向寺内僧人说："以后惠云院将出现一位大师，待这座佛像有难时，他就会出现。"

事隔几年后，忽然一个夜晚，一名窃贼溜进佛寺，偷走佛像肚内的宝物，惊动了所有人。

就在这一年，十七岁的大慧宗杲来到惠云院出家了，住持惠齐法师一见到他，眼睛一亮，知道当年丁生所说的预言应验了。

因为这孩子浑然天成的机锋和聪慧,如同天上的极星般无人能及,而且他一读到云门禅师语录,就像前世早已读过,过目不忘。

后来当惠齐法师没什么可以再教他时,便任他走访诸山、游学各方去了!于是大慧宗杲跑去宝峰山,向湛堂文准禅师学禅。

虽然大慧引经据典,表现出锐不可当的无碍辩才,深得文准禅师的赏识,但文准也不客气地对大慧说:"你还没有悟入,只用头脑的思维去理解禅,将落入所知障的禅病。"

有一天,文准禅师无意间看见大慧手上的指甲修长未剪的样子,不以为然地问大慧:"最近擦拭厕所污垢的刷子,应该不是你洗的吧!"

大慧一听,心中一阵惭愧,自己自顾着修禅,却忘记日常细事——洗一只碗、刷个马桶等等也需要好好照料。

禅不在远处,生活也不在他方,道就藏在每天醒来眼之所及的青菜豆腐与锅碗瓢盆中。

经过这一番教训后,大慧更加勤奋用功,不仅把指甲

剪短,还替同修黄龙忠道洗了九个月的厕所。

文准禅师临终时,担心爱徒无所依归,特地嘱咐大慧:"去找圆悟克勤。"

大慧办完文准禅师的后事,穿着草鞋,一路行乞千里,来到四川拜见前宰相张无尽居士,请他为师父书写塔铭。

对于大慧的悟境,张无尽虽认为已达上乘之境,但也建议他去找圆悟克勤禅师印证一番。

终于在北宋灭亡、南宋偏安江南的一刻,圆悟克勤禅师随着皇帝南下,大慧得以亲近这位临济禅宗的传承者。

两个月后,圆悟禅师为大慧点悟,说了一则公案:"有一个僧人向云门请问:'如何是诸佛出身处?'云门回答:'东山水面行走。'但若有人这样问我,我会说:'薰风自南来,殿阁生微凉。'"

意即:禅包罗四面八方,并非唯一,更没有标准答案。

大慧一听,当下一片清朗,以后每天参研禅宗公案。

后来一天,大慧又问圆悟:"听说您曾向师公五祖法演请问禅理,还记得当时说了些什么吗?"

圆悟回答:"我那时问他:'有句无句,如藤倚树。

是什么意思？'法演回答：'描也不成，画也不就。'我又问：'树倒藤枯又是什么呢？'法演说：'相随而来。'"

以上两段的要义是：佛法真理要自己去体会参究，而非盲目依赖他人的经验或文字所说，我们只能是我们自己，而无法成为别人，否则画虎不成反类犬，只有破除成见，才能拨云见日、明心见性。

大慧顿然开悟，日后他创立的"看话禅"，便以"疑"为先决条件，以参"无"字公案为重点，并认为禅可以和世事打成一片，而非执意求静，求出世间，就算娶妻当官也可以参禅开悟。

一如他所说："昼三夜三，孜孜矻矻，茶里饭里、喜时怒时，净处秽处、妻儿聚头处，与宾客相酬酢处，办公家职事处，了私门婚嫁处，都是第一等做工夫提撕举觉底时节……又何曾须要去妻孥、休官罢职、咬菜根、苦形劣志、避喧求静，然后入枯禅鬼窟里作妄想，方得悟道来？"

万物合一

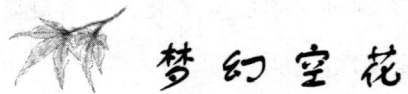 **梦幻空花**

禅宗发展到了宋代,除了大慧宗杲的"看话禅"外,另一与它齐名的就是宏智正觉所创立的"默照禅"。这两位并驾齐驱的一代禅师,对于当时禅宗的影响之深,正如唐朝的马祖道一和石头希迁一般。

以"静坐守寂"作为悟道唯一方式的默照禅,更迎合了南宋士大夫厌闹求静、摆脱世俗的需求。

那时,跑到天童寺向住持宏智正觉习禅的人,达数千人以上,往往一踏入天童寺,便可目睹"禅毳万指,默座

梦幻空花

禅床,无罄欤者"的空前盛况,而正觉本人更是"昼夜不眠,与众危坐"。

这可惹火了大慧宗杲,他毫不客气地批评默照禅为邪禅,因为默照禅"无言无说,良久默然"的主张,正好与看话禅所提倡"参破疑团、投入世俗"的精神完全相反。虽然如此,两位禅师的私人交情却好得很。

有一年,大慧的寺院已无饭可吃,正觉立刻派人送去大批白米,解除他缺粮的危机。当正觉得知自己不久人世时,也写信给大慧请他办理后事。

正觉圆寂后,大慧称赞他:"起曹洞于已堕之际,针膏盲于必死之时。善说法要,罔涉离微。"不仅是天童老古锥,而且"妙喜知音更有谁"。

和大慧一样,正觉从小也是资优生。

他的父亲和祖父皈依佛陀逊禅师多年,一天,禅师向他父亲说:"正觉这孩子不是尘埃中人,而是一个大法器。"

十一岁剃度出家的正觉,在十八岁那年向他的祖父告别:"我这次外出参学,没有开悟的话,绝不返回家门。"

万物合一

正觉抱着破釜沉舟的决心,开始他的少年壮游之旅。后辗转来到汝州(河南临汝)香山寺,向枯木法成禅师学习五年的枯木禅,为日后的默照禅奠下基础。

廿三岁时,他又到邓州(河南邓县)丹霞山,拜丹霞子淳为师。

丹霞点拨他说:"什么是空劫以前的自己呢?"

正觉回答:"井底蛤蟆吞却月,三更不借夜明帘。"

丹霞摇头:"没答上,再说一次。"

正觉想了想,正准备说时,被丹霞用拂子打了一下:"当下道出,不假思索。"因为一思索的话,就落入念头,产生偏差。

正觉一听大悟,断除所有疑惑,向丹霞深深一拜,丹霞又问他:"何不再说一句呢?"

正觉笑说:"我今天已经丢钱,遭到罪责了。"

丹霞也笑说:"你去吧!今日没空暇打你了。"印证了正觉的开悟。

宋徽宗时,时局混乱,正觉跟着丹霞禅师移往大洪山,开始弘扬禅法。

梦幻空花

长芦的真歇清了禅师,也派僧人迎请他前往说法,一看到远来的正觉穿着蔽衣破鞋,特地吩咐侍者拿新鞋为他换上,没想到正觉婉拒说:"我是为新鞋来的吗?"

往后正觉禅师驻锡天童山三十年,将所有的殿堂全部焕然一新,自己却素朴如常,不仅粗茶淡饭,过午不食,连住的方丈室,也跟他身穿的衣物一样简陋极了,信徒所供养的东西,他都分送给其他僧众,自己不留一物。

对物质的少欲,更衬托禅师的乐天知命。

有一天,因来寺投靠的僧侣太多,连库房的白米都要吃光了,弟子急得跑去禀报,正觉却不以为意地对大家说:"人各有口,非你所担心的。"

话才说完,看门的僧人就跑来说:"护法嘉禾钱氏运来千斛白米,船已经抵达岸边了。"

九月秋凉时节,六十七岁的老禅师忽然动身前往京城,拜见经常往来的护法官员和居士,十月七日他回到山上,照样吃饭见客。

第二天,沐浴更衣后,写了一封信要人交给大慧。

对众又写了一首诗偈:

万物合一

梦幻空花，六十七年；

白鸟烟没，秋水连天。

笔一放下，便洒脱离开人世了，为自己六十七年的一生，做了最美的注解。

所有美好与迷人的事物，终究难以持久，就像梦幻空花、白鸟烟没一般，消失在连天的秋水中。

《默照铭》——宋·宏智正觉

默默忘言，昭昭现前。鉴时廓尔，体处灵然。
灵然独照，照中还妙。露月星河，雪松云峤。
晦而弥明，隐而愈显。鹤梦烟寒，水含秋远。
浩劫空空，相与雷同。妙存默处，功忘照中。
妙存何存？惺惺破昏。默照之道，离微之根。
彻见离微，金梭玉机。正偏宛转，明暗因依。
依无能所，底时回互。饮善见药，槌涂毒鼓。
回互底时，杀活在我。门里出身，枝头结果。

梦幻空花

默唯至言,照唯普应。应不堕功,言不涉听。
万象森罗,放光说法。彼彼证明,各各问答。
问答证明,恰恰相应。照中失默,便见侵凌。
证明问答,相应恰恰。默中失照,浑成剩法。
默照理圆,莲开梦觉。百川赴海,千峰向岳。
如鹅择乳,如蜂采花。默照至得,输我宗家。
宗家默照,透顶透底。舜若多身,母陀罗臂。
始终一揆,变态万差。和氏献璞,相如指瑕。
当机有准,大用不勤。寰中天子,塞外将军。
吾家底事,中规中矩。传去诸方,不要赚举。

万物合一

 ## 香菇与办道

艳阳高照的好日子里,一艘载满香菇、来自日本的大船,停泊在宋朝明州(宁波)平静无波的港口,任微微的浪花轻轻拍打船身。

甲板上,一位年轻的日本僧侣站着吹风,无事可做。

他叫道元,这次是和师兄明全相偕搭商船来中国学习禅法,可惜出家的年份还不足具在佛寺挂单的资格,无法跟随明全同赴天童山,只能暂且在船上等候。

港口间充斥着各种嘈杂的声音,道元已经听惯了,一

点也不以为意,倒是拥挤的人群中意外出现一位背着篓筐的老僧人,令他眼睛为之一亮。老僧步履蹒跚地穿过码头工人,踏上通往甲板的木梯子,来到这艘商船上。

道元好奇地跑去迎接,不知这位中国老和尚为何出现在此处,不会是明全托他捎来讯息吧!

一问,结果不是,老和尚回答说:"我叫有静,是阿育王道场负责伙食的典座,今天特地来买香菇。"

虽然不是为自己而来,能够巧遇同道中人,也是件令人开心的事。道元赶忙为有静老典座递上茶水,聊起此行来中国的目的。

有静勉励道元:"很好,趁年轻多游历学习是件好事。像我出家已经四十年,年纪已六十一岁,虽然遍学各方,却是虚度光阴,未曾契入。后来我到了阿育王寺拜孤云权禅师为师,直到去年夏天安居结夏时,才被任命为典座。明天是五月初五端午节,照例讲经完毕要宴请所有僧人,我想做一道丸子料理,但少了香菇熬汤底,所以才来这里买上等的香菇。"

两人谈得很投缘,道元便邀请有静留下用斋:"待会

儿买好香菇后,何不让我供养您一顿斋饭。"

有静摇头:"不行!我得赶回去准备明天的斋席,把丸子一个个先捏好,否则会来不及。"

老典座的精神,令道元十分佩服:"可是阿育王寺没有其他僧人可以分担您的工作吗?您年纪这么大了,凡事还要亲自操劳?"

有静严肃地回答:"话不能这么说,正如您所说,我年纪这么大了,才领到这份差事,这是我此生最后的办道,怎能轻易视之,让别人代劳。"

道元叹了一口气,又说:"话虽不错,可是以您的高龄,应该在佛寺打坐修行,再不然参研公案,又何必为了买香菇做料理这点小事,如此拼了老命往返奔波。"

有静走向一袋香菇堆中,边挑香菇边笑说:"日本远来的朋友啊!那您就有所不知了!'文字'和'修行'是不同的,我欢喜来买香菇,捏丸子做斋饭,就是真正的修行哩。"

这番话敲醒了道元,他赶忙问道:"什么是'文字'?什么是'修行'?"

老典座递给他一颗香菇:"我赶时间,下次有机会再说吧!"

过了一段时间,道元如愿地进入天童山景德寺,和明全一起投入无际了派禅师座下学禅。另一个艳阳高照的好日子,他在廊下看见名叫用的老典座顶着大太阳,正在晒香菇,汗水从他的额头一直流到脚底。

道元不忍心地说:"老师父,不要这么辛苦,叫其他的沙弥去晒香菇好了。"

用继续忙着,回答:"别人做好的事是别人的,不算我的工作。"

道元知道这又是一位认真的典座,只好说:"那就等阳光小点,再晒吧!"

用忙不迭地说:"现在是晒香菇最好的时刻,错过了,还晒什么香菇呢?"

不久,之前在船上偶遇的有静老典座,来天童山向道元辞行。

"我已经圆满典座的工作,现要返乡,今天特地来向您道别,顺便回答上次您问我的问题。文字和修行最大的不

同，一个是知识，一个是行动，世界上所有的事物，不分大事小事，都是我们修行的对象，所以说用办道的精神，也可以烹调出精进的料理，这就是所谓的修行。"

尔后，道元走遍中国的名山丛林，继承如净禅师法脉。返回日本后，开创日本的曹洞宗和斋粥风气，成为日本精进料理之始，他在《典座教训》一书中，翔实地记录着典座对他的启发——修行者的心，总在每一个不为人知的细微处。